여행을 부르는

결정적 순간

박경일·손원천·조용준·김성환

꿈의지도

아! 가고 싶다,
독자에게 듣고 싶은 한 마디

'바다는 영롱합니다. 모래는 아이스크림보다 곱고 부드럽습니다. 야자나무가 바람에 살랑 흔들리고 해먹에 몸을 누인 여행자는 셔츠의 단추를 풀어헤친 채 마음껏 게으름을 부립니다. 곧 노을이 밀려오나 봅니다. 먼 하늘은 이미 붉어져갑니다. 파도소리가 정적을 깰 때마다 그는 찰나의 희열을 느낍니다. 천연하고 급할 것 없는 단출한 섬 속 저녁 풍경…'

여행자가 휴양지에서 한가롭게 휴식을 즐기는 사진에 대한 묘사입니다. 도시인은 이 한 장의 사진을 통해 무한한 고립(孤立)을 동경할 것입니다. 살면서 맺어온 온갖 퍽퍽한 '관계'들을 끊어버리고 천연한 자연 속으로, 고립 속으로 질주하고픈 욕망을 느낄 것입니다.

이렇듯 강렬한 이미지의 사진 한 장이 깨알 같은 글자보다 더 큰 힘을 발휘할 때가 있습니다. 신문의 여행지면에 등장하는 사진은 적어도 그렇습니다. 가슴의 먹먹함을 말끔히 해소시켜주는 '짠한' 사진을 봤을 때 우리는 떠날 채비를 합니다. 당장은 아니라도 언젠가 갈 것이라 다짐합니다. 간절히 그리워하며 오랫동안 이 풍경을 마음에 꼭 품습니다.

여행기사는 여행지에 대한 정확하고 유용한 정보를 전달하는 것이 중요합니다. 하지만 독자들에게 동경을 심어주고 떠나야 할 명분과 동기를 부여하는 것 역시 빼놓지 말아야 할 것입니다. 사진이 빠진 여행기사는 스프 없는 라면과 같습니다. 사진 없이 여행지의 생생함을 오롯이 전달하기에 한계가 있기 때문입니다. 어서 떠나라고 등 떼밀 명분도 자연스레 약해지는 것이지요.

여행기자들이 사진에 애착을 갖는 이유가 여기에 있습니다. 여행기자들은 매주 신문의 여행 지면을 장식하는 한 장의 사진으로 독자들의 냉정한 평가를 받습니다. 사진이 만족스럽지 못하면 기사가 아무리 훌륭해도 따가운 시선을 받습니다. 이러니 여행기자들은 사진 한 장 얻기 위해 불철주야로 동분서주합니다. 상고대를 찍기 위해 영하 20도의 혹한을 뚫고 칼바람 맞으며 산을 오릅니다. 철새들의 군무를 포착하기 위해 몇 시간씩 개펄에 누워 새들이 날아오르길 기다립니다. 같은 장소를 수차례씩 찾는 것은 보통입니다. 빛이 좋은 시간을 맞추느라 끼니를 거르며 하루 수백킬로미터씩 차를 몰기 일쑤입니다. 비가 오면 비가 와서 좋을 풍경 찾아 헤매고, 눈이 오면 눈과 어울리는 풍경 좇느라 분주합니다. '한 장의 사진'을 찾아 떠돌다 크고 작은 교통사고를 당한 기자가 있는가 하면, 군인들의 완전군장만큼 무거운 카메라 장비를 짊어지고 다니다가 무릎과 허리를 다쳐 병원 치료를 받은 이들도 있습니다. '여행을 부르는 결정적 순간'의 사진을 얻기 위해 사력을 다하는 것이지요.

결정적 순간은 해당 여행지, 또는 장소가 가장 아름다울 때, 아름다운 시간일 때를 가리킵니다. 낯선 곳이나 덜 알려진 새로운 여행지를 소개하는 것 못지않게 친숙한 여행지라도 이곳이 가장 예쁠 때, 여행의 최적의 시기를 알려주는 것 역시 여행기자가 놓치지 말아야 할 부분입니다. 이 책에 소개되는 곳들 중에는 독자들도 가봤던 곳이 있을지 모릅니다. 그럼에도 이전과 달리 보이는 이유는 바로 여행의 절정의 순간을 포착했기 때문입니다.

'아! 가고 싶다.'

한 장의 사진을 통해 우리 땅, 우리나라의 새삼 놀랄만한 풍경을 알려주고 싶어 하는 여행기자들. 이들이 독자에게 가장 듣고 싶은 말이 '아 가고 싶다'일 것입니다. 여행기자들은 독자들의 그 말 한 마디면 충분합니다. 그 말 한 마디가 1년 365일 길 위의 인생을 사는 여행기자들의 땀을 씻어줍니다. 부디 사람들이 이 책을 보면서 여행에 대한 동경의 불씨가 다시 활활 타오르기를 소망합니다.

2011년 9월

박경일 · 손원천 · 조용준 · 김성환

봄

여름

가을

봄
spring

#01
다산유배길

주소 전남 강진군 도암면 만덕리 368(다산유물전시관)
여행적기 봄~가을
주변여행지 영랑생가·무위사·고려청자도요지·두륜산 대흥사·땅끝·미황사
문의 다산유물전시관(061-430-3784), 강진군 문화관광과(061-470-2568)

다산의 눈물로 머리 푼 동백
그리움 넘치는 유배길

붉은 비단이 깔린 숲길. 한없이 깊고 아늑하다. 동백나무와 소나무, 대나무, 두충나무가 뒤엉켜 자라 터널을 이룬 그 숲길을 걷는다. 봄을 시샘하던 차가운 꽃샘바람도 범접 못할 사무치게 아름다운 길이다. 지상에 드러난 나무뿌리를 무심코 밟았다가 소스라치게 놀란다. 머나먼 남도로 유배 온 실학자의 애달픈 눈물로 적신 길이 바로 이 길이란 것을 새삼 떠올린다. 걸어 올라가는 계단마다 다산의 눈물 같은 붉디붉은 동백이 처연히 떨어져 뒹군다. 길 끝자락은 백련사 산사로 드는 길. 싱그럽고 달콤한 동백꽃 향기가 숲에 가득하다. 헝클어진 머릿속도 맑게 헹궈줄 것 같은 상쾌함에 온몸이 찌르르 울린다. 어쩌면 이 길은 현세가 아닌 피안에 이르는 길인지도 모른다.

# #

카메라 니콘 D3
렌즈 니콘 17~35mm
감도(ISO) 250
셔터 스피드 1/15
조리개 F 11
촬영장소 다산초당
촬영팁 땅 위에 떨어져 뒹구는 동백은 있는 그대로
찍는 것이 가장 아름답다. 그리고 숲속은 항상 그
늘진 곳이라 노출시간을 길게 줘 신록과 음영을 살
린다. 삼각대는 꼭 필요하다. 땅에 떨어진 동백꽃을
화면 가득 담을 수 있도록 광각렌즈나 망원렌즈를
적절하게 사용한다.

다 산 초 당 에 서　백 련 사 로 이어지는 숲길은
지리산 둘레길이나 제주 올레처럼 며칠씩 가도 끝을 보지 못하는 길고 먼 길이 아니
다. 넉넉잡아도 2시간이면 갔다올 만큼 짧다. 그러나 이 길에 내재된 깊은 역사성과
숲의 영험함은 어느 길에도 뒤지지 않는다. 이 때문에 '한국의 아름다운 길 10선'에
선정될 정도로 유명세를 타고 있다. 풋풋한 녹차 냄새와 코끝을 간질이는 동백꽃
향기, 발바닥에 폭신하게 느껴지는 길의 촉감까지 모두 느낄 수 있는 그런 곳이다.

　꽃샘추위가 기승을 부린 뒤끝이다. 남도답사 1번지로 불리는 강진 다산초당으
로 가는 발걸음이 휑하니 춥다. 하지만 문명의 이기랄까. 시원스레 뚫린 고속도
로는 멀게만 느껴졌던 남도의 마을들을 짧은 시간 안에 닿게 해 준다.

　정약용 남도 유배길은 다산수련원에서 영암 구림마을까지 이어지는 61km의
길이다. 구간이 길다 보니 총 4코스로 나뉜다. 1~3코스는 강진에, 마지막 4코스
는 영암을 지나게 된다. 이 가운데 가장 인기가 많은 코스가 다산초당~백련사 코
스다. 이곳은 일부러 길을 만든 게 아니다. 본래 있던 길이다. 다산과 백련사 주
지 혜장이 신분과 종교를 떠나 도타운 우정을 나누던 길이다. 왕복 2시간의 짧은
거리에 숲길이 평탄해 어린아이들도 쉬엄쉬엄 산책하듯 걸을 수 있는 길이다.

　다산수련원에서 나서 오솔길로 접어들면 '정약용 남도유배길'이라고 적힌 노란
리본이 곳곳에서 길안내에 나선다. 길을 나서서 처음 만나는 것은 자작나무처럼
창백한 하얀 껍질을 지닌 두충나무 숲이다. 인위적으로 만든 산책로이지만 제법
운치가 있다. 이 나무는 껍질을 벗겨 한약재로 쓰지만 최근 중국산에 밀려 그냥 방
치한 게 숲이 됐다고 한다. 두충나무는 마치 버드나무 같이 쭉쭉 하늘로 뻗었다.

　두충나무숲을 지나 고개를 넘으면 귤동마을이다. 귤동마을에서 다산초당으로
가는 옛길이 시작된다. 유유자적. 유배길을 걷는 방법이다. 동네 뒷산을 산책하
듯 슬렁슬렁 걸어야 맛이 난다. 길은 돌계단을 지나 무성한 대숲으로 들면 울퉁불
퉁한 나무뿌리가 고스란히 드러나 원시적인 야성미를 느끼게 한다. 나무의 힘줄
이 툭툭 불거져 꿈틀꿈틀 살아 움직일 것 같은 기묘한 모습이다. 정호승 시인은
이 길을 '뿌리의 길'이라고 이름 붙였다.

다산초당으로 가는 '뿌리의 길'

지하에 있는 뿌리가 더러는 슬픔 가운데 눈물을 달고 지상으로 힘껏 뿌리를 뻗는
다는 것을…나뭇잎이 떨어져 뿌리로 가서 다시 잎으로 되돌아오는 동안 다산이
초당에 홀로 앉아 모든 길의 뿌리가 된다는 것을…

-뿌리의 길- 중에서

다산초당에는 다산의 정취가 어린 3개의 길이 있다. 그 하나가 바로 '뿌리의
길'이다. 다른 하나는 다산초당의 동암을 지나 천일각 왼편으로 나 있는 '백련사
가는 길'이다. 마지막 하나가 다산의 제자 윤종진의 묘 앞에 나 있는 오솔길이다.
오솔길과 '뿌리의 길'은 바로 연결된다.

'뿌리의 길'을 지나 10분 남짓 오르면 만덕산 기슭에 자리한 다산초당에 닿는
다. 다산은 그를 아끼던 정조가 세상을 떠난 후인 1801년 신유박해에 뒤이은 황
사영백서사건에 연루되어 강진으로 유배된다. 사의재, 고성사, 보은산방 등을 거
쳐 1808년 봄 외가(해남 윤씨)에서 마련해준 이곳으로 거처를 옮겼다. 그 후 다산
일생에 가장 빛나는 10년의 시간이 이곳에서 시작된다.

그는 초당의 동쪽에 동암을 지어 거처했다. 물을 끌어다 인공폭포를 만들었고,
연못도 팠다. 연못 가운데는 해변에서 주어온 돌로 탑을 세웠다. 흑산도에 있는
형에 대한 그리움의 표현이었다. 잉어와 붕어를 길렀고, 화초를 심었다. 산 중턱
에 밭을 일궈 채소도 길렀다. 바위 절벽에는 징표를 새겼다. 정석(丁石). 바위에
새겨진 달랑 두 자가 다산의 깊이를 말해준다.

다산은 이곳에서 당대의 명사들과 교유하고 주변의 인재들을 불러 모아 많은
제자를 길러냈다. 학문연구에도 몰두해 그 유명한 《목민심서》, 《경세유표》 등
600여 권의 저서를 남기기도 했다. 그가 쓴 수많은 저서들은 오히려 이곳에 오지
않았으면 불가능했을지도 모를 일이다. 현실 정치판에서의 실패가 오히려 그에
게는 새로운 이상과 철학을 완성하게 한 것이다.

다산초당에서 샛길로 빠지면 동암과 천일각이 나온다. 동암은 다산이 손님을
맞거나 저술 작업을 하던 곳이다. 동암 옆의 천일각 자리는 다산이 형 정약전을

그리며 강진만을 바라보았을 것으로 추정되는 곳이지만 다산이 살았을 때는 없었던 누각이란다. 천일각에 오르면 강진만과 장흥 천관산이 한눈에 들어올 정도로 전망이 좋다. 누각에서 바라본 도암면 일대는 봄기운을 잔뜩 머금고 있다. 들녘 곳곳에 푸릇푸릇 올라오는 보리와 나물을 캐는 아낙네들의 모습이 정겹다.

이제부터 백련사 가는 길이다. 천일각에서 백련사로 이어지는 숲길은 다산유배길의 백미라고 할 수 있다. 다산유배길에서 만날 수 있는 3가지 길 중에서 다산의 체취를 가장 짙게 느낄 수 있다. 유배생활 동안 벗이자 스승이요, 제자였던 혜장선사와 다산을 이어주던 통로다. 1km가 채 안 되는 거리에 야생 차밭과 천연기념물로 지정된 아름드리 동백숲이 있다.

정약용이 유배생활을 했던 다산초당

땅에 떨어져 뒹구는 동백꽃

　두 사람은 이 길을 오가면서 무슨 이야기를 나눴을까. 동백과 차, 다산초당과 백련사를 오가는 길 위의 아름다운 자연에 흠뻑 젖어 분명 선문답 같은 대화를 주고받았으리라. 야생 차밭을 지나면 대숲과 사스레피나무 등이 등산로 옆을 지키고 있다. 이 길은 녹차와 대나무 등으로 인해 사철 내내 푸를 것 같다. 야생 차나무는 이미 관목으로 자리 잡은 숲의 터줏대감이다.

　다산초당을 떠난 지 20분이면 백련사 동백림(천연기념물 제151호)에 닿는다. 3ha에 달하는 동백림의 수목들은 300~500년 이상 된 것들로 일일이 번호를 붙여 관리하고 있다. 동백은 '겨울에 피는 꽃'이라 이름 지어졌다고 한다. 일설에는 꽃이 핀 채로 100일, 꽃이 떨어진 채 100일이라고 해서 동백이라 했다고도 전한다. 실제로 100일이 안 될지는 몰라도 핀 꽃이나 떨어진 꽃이 오래 가는 것만큼은 분명한 사실이다.

　1500여 그루에 이르는 동백나무는 갖가지 모양을 하고 있다. 미끈하게 잘 생긴 것부터 울퉁불퉁한 동백까지, 동백나무가 보여줄 수 있는 모든 것을 보여준다. 큰 줄기에 울퉁불퉁한 혹이 붙은 동백은 상처 난 부위를 스스로 아물게 하기 위해 내뿜은 수액이 오랜 세월 굳어져 그렇게 되었다고 한다. 그 기묘한 모양이 동백나무의 멋을 제대로 살려준다. 동백숲 주변에 비자나무, 후박나무, 푸조나무 등도 함께 자라고 있어 운치를 더한다.

백련사 내려가는 길도 가로수가 동백이다. 낙화한 꽃들로 길은 꽃길로 변했다. 마치 김소월이 〈진달래꽃〉에서 읊었던 것처럼 동백을 '사뿐히 즈려 밟고 가는' 길이다. 그러나 차마 그 꽃을 밟을 수가 없다. 아직도 싱싱한 꽃잎 때문이다. 아니, 꽃송이가 18년의 유배생활로 지친 다산이 흘렸던 서러운 눈물 같아서다. 백련사를 나서는 길. 마지막 동백나무 끝에 꽃 한 송이가 홍등처럼 대롱대롱 매달려 길손을 배웅한다.

가는길 서해안고속도로로 종점 목포IC로 나와 2번 국도를 타고 40분쯤 가면 강진읍이다. 읍내에서 다산유물전시관까지는 10분 거리. 호남고속도로는 광산IC로 나와 13번 국도를 타고 나주 지나 강진읍으로 간다.

맛집 남도의 맛은 역시 한정식. 상다리가 휘어질 정도로 한 상 그득 차려진 밥상을 보면 맛보지 않고도 배가 부를 정도다. 청자골 종가집(061-433-1100), 명동식당(061-434-2147), 해태식당 061-434-2486), 흥진식당(061-434-3031) 등은 푸짐하고 맛깔스런 남도 한정식의 진미를 맛볼 수 있다. 한상 기본은 6만원(4인 기준)부터다. 마량항에는 직접 담가 내는 젓갈과 매운탕으로 이름난 40여 년 전통의 완도횟집(061-432-2066)도 있다.

잠잘곳 다산수련원에 한옥 민박이 있어 숲내음을 맡으며 잘 수 있다. 또 프린스관광모텔 (061-433-7400), 테마모텔 (061-432-2626), 부성파크모텔 (061-434-2081) 등 마량항과 강진읍에 모텔급 숙박시설들이 많다. 강진군에 문의하면 농촌체험마을 등을 안내받을 수 있다.

볼거리 강진에서는 소박하면서도 화려한 조선시대 목조건물 극락보전이 있는 무위사와 경포대계곡을 빼놓을 수 없다. 부근에 녹차밭도 있어 운치를 더한다. 또 병영면의 전라병영성 유적(하멜 체류지), 시인 영랑 김윤식 생가, 고려청자를 생산했던 대구면 고려청자 도요지, 월남사터 삼층석탑과 진각국사비 등이 있다. 특히 상록수림 울창한 까막섬 등 바다경치가 수려한 마량항 등도 둘러볼 만하다.

#02
산수유마을

주소 전남 구례군 산동면 계천리(현천마을)
여행적기 3월 중순~4월 초순
주변 여행지 지리산온천랜드 · 사성암 · 운조루 · 쌍산재 · 화엄사 · 천은사 · 노고단
문의 구례군 관광안내소(061-780-2450)

봄꽃 위에
겨울이 철없이 내려앉다

3월이라…. 초순을 훌쩍 넘긴 때라면 전남 구례 산수유 마을로 가야 한다. 계곡과 돌담 사이에 흐드러진 산수유가 눈부시고 애절하다. 노란 꽃잎들이 바람에 날려 계곡으로 떨어지는 광경, 생각만으로도 아름답지 않은가. 이끼가 낀 채 단정하게 서 있는 산수유 마을 돌담길은 무척이나 인상적이다. 좁은 돌담길을 걷다보면 남녀간의 정이 도타워지고, 없던 정도 생긴다 해서 사랑의 길이라 불린다. 그 돌담 위로 산수유가 터널을 이룬다. 그 마을 방문 전, 일기예보에도 귀 기울이시라. 해마다 초봄이면 거의 예외 없이 봄눈이 내린다. 노오란 산수유와 하이얀 눈, 그리고 파아란 하늘이 합쳐지면? 딱 풍경화다.

# #

카메라 니콘 D3
렌즈 니콘 70~200mm
감도(ISO) L 1.0
셔터 스피드 1/100
조리개 F8
촬영장소 현천마을
촬영팁 저수지에 비치는 산수유 반영을 촬영하려면 이른 아침, 혹은 늦은 오후 바람이 잦아들 때 찾는 것이 좋다. 산수유와 함께 돌담과 집 등의 피사체도 함께 넣어야 심심하지 않다.

 마음이 화사해진
다. 입가에는 보일 듯 말 듯 미소가 번진다. 어떤 꽃인들 그렇지 않을까마는, 차
디찬 겨울을 이겨내고 피어나는 봄꽃의 유혹은 도저히 뿌리칠 수가 없다.

풀꽃처럼 살다가 입적한 법정스님은《한 사람은 모두를 모두는 한 사람을》이란
저서를 통해 "우리가 꽃을 보고 좋아하는 것은 우리들 마음에 꽃다운 요소가 깃
들어 있기 때문"이라며 "일이 바쁜 사람들은 한가해서 꽃구경이나 다닌다고 하겠
지만, 어딘가에 꽃이 피었다고 일부러 친구와 함께 꽃구경을 떠난다는 것은 진정
꽃다운 일"이라 했다. "산에 살면 산을 닮고 강에 살면 강을 닮는다. 꽃을 가까이
하면 꽃 같은 삶이 된다."고도 했다.

3월이면 봄꽃이 흐드러지기 시작한다. 특히, 산수유가 그렇다. 섬진강 자락에
기댄 전남 구례군의 마을마다 노란 산수유가 제 빛깔을 뽐낸다. 산수유 앞에 서서
고민도 털어 놓고, 세상 살아가는 이야기도 나눠보는 것은 어떨까. 꽃에게서 많
은 위로와 가르침을 받게 되지 않을까.

산수유는 세 번 꽃을 틔운다. 먼저 꽃망울이 벌어지고, 20여 개의 샛노란 꽃잎
이 돋아난다. 이후 4~5㎜ 크기의 꽃잎이 다시 터지면서 하얀 꽃술이 드러나 왕
관 모양을 만든다. 열흘 붉은 꽃 없다지만, 산수유가 근 한 달 가까이 노란 꽃구름
을 피워내는 것도 이 때문이다.

봄물에 방게 기어 나오듯, 고샅길과 개울가 곳곳에서 조금씩 얼굴을 내밀던 산
수유는 산동면 반곡마을께 이르면 노란빛 선연한 군락을 이루기 시작한다. 3월
로 들어서자마자 꽃망울을 터뜨린 산수유 덕에 농가 앞마당과 돌담길, 논두렁이
며 산기슭이 온통 꽃구름이다. 게다가 철없이 내린 폭설이 하얀 모자까지 덧씌우
며 좀처럼 보기 힘든 빼어난 풍경을 펼쳐 놓았다. 한 관광객은 "흐미, 꽃멀미 나
겄소"라며 벌어진 입을 쉬 다물지 못했다.

반곡마을 윗쪽은 국내 최대의 산수유 군락지인 상위마을이다. 꽃망울이 반곡
마을에 견줘 잔뜩 웅크린 상태. 하지만 따뜻한 훈풍이 보듬기만 하면 금방이라도
팝콘처럼 터져 나온다. 주민들에 따르면, 아래 반곡마을과 고도 차이는 크지 않

반곡마을 산수유 군락

지만, 기온 차이는 제법 커, 이처럼 피는 시기가 다르단다.

상위마을 위에 있는 정자 '산유정'에 오르면 산수유마을 전체를 한눈에 내려다 볼 수 있다. 만복대 자락에서 부드럽게 곡선을 그리며 흘러내린 다락논과 마을 한 가운데를 흐르는 개울, 그리고 대숲과 산수유 군락이 어우러져 영락없는 풍경화를 그려낸다.

구례의 산수유마을은 마을의 형상에 따라 산수유를 감상하는 맛이 다르다. 상위마을 산수유가 산 아래 움푹 들어간 분지에 넓게 퍼져 있다면, 현천마을은 제주도의 밭처럼 돌담 안에 빼곡히 들어서 있다. 또 달전마을은 산수유가 옆으로 길게 펼쳐져 있다.

계천리 현천마을은 산수유마을 포스터의 배경이 된 곳이다. 그만큼 '사진발'을 잘 받는다. 마을 뒤 견두산은 모양새가 현(玄)자형이다. 또 마을 뒤로 옥녀봉의 옥녀가 매일 빨래를 했다는 내(川)가 흐르고 있어 현천(玄川)이라는 이름을 얻었다.

마을 입구 현계정을 지나면 돌담을 두른 밭고랑마다 산수유꽃이 내려와 외지인을 반긴다. 돌담길은 미로처럼 구불구불 이어지며 시골정취를 한껏 뿜어낸다. 현천마을 산수유의 밑동은 나이가 300년을 넘겼지만, 꽃을 피운 가지의 나이는 60년이 채 안 된다. 1948년 여수·순천사건 때 토벌대가 산수유를 모두 베어버렸

함박눈을 이고 있는 산수유

기 때문. 그러나 산수유는 다시 가지를 뻗고 꽃을 피우며 생을 이어왔다.

마을 최고의 풍경 포인트는 마을 공동작업장 오른쪽 산자락이다. 개울 위 다리를 건너 10여 분 올라야 한다. 산수유와 고즈넉한 산골 풍취가 어우러져 선경을 펼쳐낸다. 근동의 사진작가들이 즐겨 찾는 곳이기도 하다.

현천마을에서 19번 국도를 타고 남원쪽으로 5분 남짓 가다 보면 산수유 시목지(始木地)가 있는 계척마을에 닿는다. 근거는 박약하지만, 산동(山洞)이란 지명은 1000년 전 중국 산둥(山東)성의 처녀가 지리산 산골로 시집오면서 가져온 산수유 묘목을 심었다고 해서 붙여진 이름이란다. 계척마을의 산수유 시목의 수령도 1000년 쯤 됐다는 것.

‘할머니 나무’로 불리는 산수유 시목은 세월의 무게를 감당하지 못해 지지대에 의지하고 있지만, 여느 젊은 나무 못지 않게 해마다 꽃을 활짝 피운다. ‘할아버지 나무’가 있는 달전마을도 잊지 말고 둘러보라. 고즈넉한 시골 풍경에 더해 아름드리 산수유들이 고풍스런 분위기를 한껏 드러내고 있다.

가는길 호남고속도로 익산분기점 → 익산포항고속도로 → 완주분기점 → 순천완주고속도로 → 구례IC → 19번 국도 → 지리산온천랜드 이정표 → 좌회전 → 2km 직진 → 상위마을 순으로 간다. 대전통영간고속도로를 이용할 경우 함양분기점 → 88고속도로 남원 나들목 → 19번 국도 → 상위마을. 구례 가는 직행버스(4시간 소요)가 서울 남부터미널에서 하루 6회 운행한다. 기차는 하루 14회. 구례구역에서 내린다. 상위마을까지는 구례공용터미널에서 1시간 간격으로 시내버스가 운행된다. 구례군청 문화관광과(061-780-2727)

맛집 구례읍 내 영실봉(061-782-2833)은 갈치조림만 40년 넘게 해 온 집이다. 1인분 8000원. 구례터미널 인근에 있는 동아식당(061-782-5474)은 구례 주민들 뿐 아니라 외지 식객들도 알음알음 찾아가는 선술집. 가오리찜과 족발탕이 유명하다. 3·8장이 서는 날이라면 장터에서 팥칼국수 한 그릇 먹어도 좋다.

잠잘곳 읍내에서는 새롭게 단장한 온천각(061-782-0021)이 깔끔하다. 3만~4만원. 화엄사 초입의 한화리조트(1588-2299), 마산면의 전통 한옥 쌍산재(www.ssangsanje.com·011-635-7115) 등도 강추다.

#03
소매물도

주소 경상남도 통영시 한산면 매죽리 소매물도

여행적기 3월~11월

주변 여행지 매물도·비진도·통영 한려수도케이블카·미륵도 달아공원·동피랑마을·박경리묘

문의 통영시 관광안내소(055-650-4681)

가고 싶은 섬
또 가고 싶은 섬

간혹 지나가는 어선과 갯바위에 부딪쳐 포말로 부서지는 파도가 '동영상'을 제공하지 않았다면, 사진이거나 혹은 그림인 줄 알았을 거다. 심연을 감추고 있는 옥빛 바다와 헤아릴 수 없는 시간을 파도, 바람과 맞서온 장대한 기암절벽들. 그리고 썰물 때 하루 두 번 열리는 열목개 자갈물길 너머 넉넉한 자태로 떠있는 등대섬까지. 과연 소매물도란 이름이 갖고 있는 명불허전의 풍광이다. 이 섬을 찾은 사람들의 가슴마다 어떤 형태로든 또렷하게 각인되어 있을 만큼 수려했다. 여태 가보지 않은 사람에겐 가고 싶은 섬, 가봤던 사람에겐 또 가고 싶은 섬, 경남 통영 소매물도다.

# #

카메라 니콘 D3
렌즈 70~200mm
감도(ISO) 400
셔터 스피드 1/100
조리개 F8
촬영장소 매물도
촬영팁 소매물도 등대섬은 오전에 가야 순광에서 사진을 찍을 수 있다. 검푸른 바다보다 에메랄드빛 바다가 한결 이국적인 느낌이다. 여기에 근경으로 사람과 나무 등을 배치해 구조가 단조롭지 않게 했다.

'동양의 나폴리' 통영항을 빠져나간 배
가 파도를 헤치며 소매물도를 향해 나간다. 남해를 휘돌아 온 햇살이 바다 위에
쏟아져 내려 물고기 비늘처럼 빛을 낸다. 북한말로 은파금파(銀波金波)의 모습이
다. 늘 바다에 기대 사는 사람들에겐 심드렁하게 여겨지는 풍경이겠지만, 모처럼
회색 도시를 떠난 여행객들에겐 그마저도 고맙다.

파란 바다 위에 점점이 떠있는 다도해 섬들 사이를 미끄러져 간 배는 1시간20분
여 만에 소매물도 선착장에 여행자들을 내려놓았다. 선착장이라고 해봐야 어지간
한 어린이 놀이터 보다 작은 규모. 게다가 2007년 시작된 '가고 싶은 섬' 사업의 하
나로 선착장과 마을을 잇는 도로 공사가 한창이다 보니 더욱 협소해 보인다. 매물
도는 대매물도와 소매물도, 그리고 부속섬인 등대섬 등으로 이루어져 있다. 통영
에서 26km 거리. 매물도란 이름은 본섬격인 대매물도의 형상이 메밀의 현지 사투
리인 '매물'처럼 생겨서 붙여졌다고 한다. 하지만 대매물도를 방문하는 관광객은
드물고, 거의 대부분이 등대섬을 부속섬으로 거느리고 있는 소매물도를 찾는다.

선착장에서 등대섬으로 가는 길은 마을 한가운데로 난 가파른 돌계단으로 이어
진다. 이 길을 따라 20~30분 정도 걸으면 이정표가 세워진 삼거리에 닿는다. 왼쪽
은 등대섬(1.4km), 오른쪽은 망태봉(0.1km) 가는 길이다. 여행객 대부분은 이쯤에
서 곧장 등대섬쪽으로 방향을 잡는다. 서둘러 남해의 비경과 만나고 싶기 때문일
터다. 그러나 급할수록 돌아가라는 선인들의 충고는 여기서도 예외 없이 들어맞는
다. 곧바로 등대섬으로 갈 경우 소매물도 최고의 전망 포인트인 망태봉(152m)을 놓
치기 때문이다. 되돌아 나올 때 들를 수도 있지만, 아무래도 감동이 덜하다.

망태봉 정상엔 예전 세관의 감시초소로 쓰였던 콘크리트 건물이 서있다. 주변
풍경과 어울리지 않는 생경한 모습이다. 그러나 건물 위에서 바라보는 풍광만큼
은 견줄 짝을 찾을 수 없을 만큼 일품이다. 파란 잉크를 풀어 놓은 듯한 바다와 어
우러진 등대섬 전경이 한눈에 쏙 들어온다.

나무 데크로 깔끔하게 조성된 산책로를 따라 1km쯤 내려오면 몽돌해변이다.
등대섬으로 걸어 들어갈 수 있는 유일한 통로다. 주민들은 이곳을 열목개라 부른

소매물도와 등대섬을 잇는 몽돌해변(위)과 소매물도의 기암절벽(아래)

한려수도가 펼쳐지는 소매물도 전망대

다. 등대섬까지는 70m 거리. 하루 두 차례 썰물 때만 열린다. 물이 들고 나는 시간을 사전에 잘 파악해 둬야 등대섬에 오르지 못하는 낭패를 면할 수 있다. 간조를 전후로 각 2~3시간 정도 오갈 수 있다. 물때는 김태우 이장(010-8900-6886)이나 마을 식당 등에 문의하면 상세하게 알려준다. 국립해양조사원 인터넷 홈페이지(www.khoa.go.kr)를 통해서도 알아볼 수 있다.

열목개에서 등대까지는 경사가 조금 급하긴 해도 10분 정도면 오를 수 있다. 등대가 서 있는 정상에서 수직단애를 내려다보면 감탄사가 절로 나온다. 바다 쪽은 촛대바위, 글씽이바위 등 기암괴석들이 온갖 전설과 사연을 안은 채 서 있고, 등대로 오르는 언덕 좌우로는 잔디와 잡초들이 뒤엉켜 초록 들판을 이루고 있다. 소매물도와 대매물도를 바라보는 맛도 각별하다. 선착장에서 망태봉을 거쳐 등대섬까지 가는 데는 대략 1시간30분 정도 걸린다. 쉬엄쉬엄 걸으며 경치를 감상한다 해도 4시간 정도면 넉넉하게 다녀올 수 있다.

흔히 등대섬의 경치에 취해 간과되곤 하는 것이 소매물도 자체의 아름다움이다. 소매물도를 에둘러 돌아가는 길이 있는 데도 이를 못보고 돌아가는 관광객이 많다. 선착장에서 왼쪽으로 난 길을 따르면 소매물도의 또 다른 비경과 만날 수 있다. 원래 섬 주민들이 오가던 소로였으나, 지하수 개발 공사에 투입된 차량의 통행을 위해 넓혀 놓았다.

이 길에서 가장 먼저 만나는 곳은 '폭풍의 언덕'이다. 최근에 지어진 듯한 이름이지만, 주민들에 따르면 할아버지 세대 이전부터 써왔던 이름이란다. 망망한 바다와 그 위에 흩뿌려진 보석 같은 한려수도의 섬들을 한눈에 담을 수 있는 곳이다. 바람이 여간 세차지 않아 각별한 주의가 필요하다.

조금 더 아래로 내려가면 홈통처럼 움푹 파인 곳에 바위 두 개가 서있다. 남매바위다. 출생의 비밀을 알지 못한 채 사랑에 빠지고 마는 이란성 쌍둥이 남매의 서글픈 전설을 안고 있다. 피보다 붉은 동백꽃이 장관인 동백나무숲, 천연기념물 후박나무숲 등과도 줄줄이 만난다. 남매바위에서 30분가량 오르면 망태봉 이정표가 있는 삼거리다. 암벽을 올라야 하는 등 길이 다소 험한 편.

소매물도의 어미섬인 대매물도 또한 장군봉 등 그림엽서 같은 풍경이 많다. 하지만 아쉽게도 지척간인 소매물도와 대매물도를 잇는 배편이 정기 여객선 외엔 없다. 두 섬을 오가는 마을버스 같은 배편이 마련된다면 한결 멋진 여행코스가 될 듯하다.

여행메모

가는길 통영항여객터미널에서 오전 7시·11시, 오후 2시 등 하루 세 차례 여객선이 운항한다. 비진도와 소매물도, 대매물도를 거쳐 통영으로 돌아온다. 소매물도 출항 시간은 오전 8시15분, 낮 12시20분, 오후 3시45분. 왕복 2만7300원. 주말에 승객이 몰릴 경우 해당 시간에 증편된다. 소매물도까지 1시간20분 소요. 섬사랑호(055-645-3717) 거제시 저구항에서도 하루 4차례 여객선이 운항한다.

맛집 봄날의 소매물도는 볼락과 열기 등이 제철이다. 등대식당 등에서 생선구이 백반 형태로 팔고 있다. 1만원. 요즘 인기를 얻고 있는 따개비밥은 1만원, 매운탕 2만5000원.

잠잘곳 소매물도에 펜션과 민박이 여럿 있다. 소매물도(055-644-5377), 다솔(055-642-2916) 등 펜션은 6만원, 민박은 3~4만원을 받는다.

#04
밀양

주소 경남 밀양시 부북면 위양리 293(위양못)
여행적기 5월 중순~하순
주변 여행지 완재정 · 표충사 · 표충비 · 만어사 · 영남루 · 《밀양》 촬영지 · 호박소
문의 밀양시청 문화관광과(055-359-5643)

초록물감 풀어놓은 듯
신록에 물든 밀양의 늦봄

고백컨대 경남 밀양을 여행 목적지로 생각해 본 적은 없었다. 배우 전도연에게 칸 영화제 여우주연상의 영예를 안겨준 영화《밀양》이나 '청춘 아이콘' 정우성이 동네 양아치로 열연한 영화《똥개》등을 보면서도 왜 저곳을 촬영지로 정했을까 의아했지, 가볼 생각은 전혀 못했다. 그런데 가보고 나서야 알았다. 누대를 이어오며 축적된 세월의 향기 오롯한 위양못과 그 주변의 어른 무릎까지 웃자란 청보리밭이 얼마나 아름다운가를. 그리고 이제는 쉬 보기 어려운 근대의 낡은 풍경들이 여태 살아 숨 쉬고 있다는 것도. 옛것과 근대의 풍경이 어우러진 밀양은 그야말로 너른 영화 세트장 같다. 밀양은 볕이 빽빽하게 내리쬐는 곳이라 했던가. 밀양은 늦봄이 정말 아름답다.

카메라 니콘 D3 **렌즈** 24~70mm **감도(ISO)** L 1.0 **셔터스피드** 1/125 **조리개** F8 **촬영장소** 위양못 맞은 편 **촬영팁** 완재정 반영 촬영을 위해선 이른 아침 방문이 필수다. 완재정과 뒷산의 신록을 최대한 살린다. 무엇보다도 이팝나무꽃이 흐드러지게 피는 시기를 맞춰야 가장 극적인 사진을 얻을 수 있다.

누군가 5월께 밀양에서 가장 아름다운
곳이 어디냐 묻거든 서슴지 말고 부북면 화악산 아래 위양못을 찾으라 답하시라.
둘레 166m에 불과한 자그마한 저수지 안에 5개의 섬과 휘휘 늘어진 버드나무, 그
리고 이팝나무 등이 어우러지며 빼어난 풍경을 그려낸다. 특히 바람이 없는 아침
나절, 잔잔한 물 위로 주변 풍경이 모두 담길 때면 신선의 세계를 엿보는 듯한 착
각에 빠지게 된다.

　안내판에 따르면 위양못의 축조 시기는 신라시대로 거슬러 올라간다. 당시엔
둘레가 4.5리(약 2km)에 달할 정도로 컸다. 위양지(位良池), 혹은 양양지(陽良池)
로도 불리는데, 둘 다 '양민을 위한다'는 뜻은 같다. 대개의 저수지가 그렇듯 위양
못도 농사를 위해 조성됐다. 다만 저수지 가운데에 다섯 개의 인공섬을 만들고,
주위에 왕버들과 이팝나무 등을 심는 등 공들여 가꿨다는 것이 여느 저수지와 다
른 점이다. 현재 세 개의 섬은 콘크리트 다리로 연결돼 있다. 나머지 두 개는 저수
지 가운데까지 논이 확장되면서 사실상 뭍이나 다름없게 됐다.

　위양못의 풍경에 화룡점정(畵龍點睛)을 찍는 것이 완재정이다. 못 가운데 섬에
세워진 정자. 1900년에 안동 권씨 후손들이 지었다고 전해진다. 완재정 풍광은
이팝나무꽃이 흰쌀밥처럼 피어나는 5~6월이 가장 아름답다. 전국 내로라하는
사진작가들의 발걸음이 잦아지는 것도 그런 까닭.

　위양못은 밖에서 볼 때와 완재정 안에서 내다볼 때의 느낌이 사뭇 다르다. 다
리 위로 길게 나뭇가지를 늘어뜨린 왕버들이며, 물 속 깊이 뿌리 내린 이팝나무,
그리고 때맞춰 핀 수선화 등이 완재정까지 가는 길을 장식하고 있다. 완재정 마루
에 걸터앉아 있자면 쪽문을 타고 들어온 맑은 바람이 볼을 간질인다. 하지만 아쉽
게도 완재정으로 향하는 다리는 평상시엔 철문으로 막혀 있다. 안동 권씨 문중 행
사가 있는 날이 아니면, 관리를 위탁받은 동네 주민이 아침나절 청소하는 틈을 타
살짝 엿볼 수 있을 뿐이다. 다행히 안동 권씨 숭선회에서 시와 협의해 콘크리트
다리를 나무다리로 바꾸기로 했다. 또 유리 팔각정이 있는 소로대 자리도 목조 건
물로 바꾸는 등 정비를 끝내고 일반에 공개하기로 했다.

이팝나무꽃이 흐드러진 완재정(위)과 신록에 물든 위양못(아래)

못을 에둘러 흙길 산책로가 조성돼 있다. 오래된 나무들 사이로 자박자박 걷는 맛이 각별하다. 어른 무릎까지 웃자란 보리밭은 운치를 더해준다. 때마침 산들바람이 이삭 팬 보리들을 흔들기라도 하면 그대로 한 장의 사진이 된다.

영화 《밀양》의 이창동 감독은 "소도시의 정취미가 아직 남아 있기 때문에" 밀양을 촬영지로 선택했다고 한다. 이 감독의 말처럼 밀양은 다소 낙후돼 보이는 작은 도시다. 부산, 김해 등 덩치 큰 도시 옆에 붙어 있어 옹색한 느낌은 더하다. 그러나 도시를 한 바퀴 돌아보면 '개발이 덜 됐다'라기보다 '그대로 남아 있다'는 느낌이 더 강하게 다가온다. 밀양 전체가 영화 세트장처럼 느껴진 것도 그런 까닭이다.

밀양역에서 걸어서 10분 거리에 '전도연 거리'가 있다. 가곡동 준피아노학원과 밀양남부교회, 삼문동사무소 등 촬영지마다 안내판이 서 있다. 특히 준피아노학원은 아예 밀양시가 임대해 관광객들을 맞고 있다. 《밀양》의 주인공 이신애(전도연)가 학원을 운영하며 생활했던 곳. 밀양강 앞 커피숍 일마레에서 쉬어갈 겸, 차 한 잔 마셔도 좋겠다. 월연정 아래 백송터널은 영화 《똥개》의 촬영지. 터널이 연이어 펼쳐지는 독특한 풍광으로 많이 알려져 있다.

쉬 보기 어려운 옛 풍경들과 오롯이 마주하고 싶다면 삼문동 일대를 둘러볼 것을 권한다. 잊고 살았던 유년 시절의 기억들이 새록새록 떠오르는 곳이다. 담벼락에 숨어 몰래 '볼일'을 봐도 누군가는 틀림없이 쪽문을 통해 보고 있을 것 같은 좁은 골목길. 삼문동에서라면 연탄가게와 재봉틀 수리점, 낡은 브라운관 TV가 쌓여 있는 전파사 등이 외려 더 자연스럽다. 유난히 여인숙이 많은 것도 독특하다. 너덜너덜 해진 아크릴 간판으로 어디 손님 한 명이나 끌어들일 수 있을까 싶지만, 낡은 대문을 열고 슬쩍 들여다보면 어김없이 방문 앞에 신발 한두 켤레는 놓여 있다.

밀양 시내 한 복판, 밀양강과 맞닿은 야트막한 구릉 위엔 영남루(嶺南樓)가 도저한 자태로 서 있다. 밀양의 첫 손 꼽히는 관광명소다. 조선 후기 대표적인 목조건물로 진주 촉석루, 평양 부벽루와 함께 한국의 3대 명루를 이룬다.

영남루를 찾았다면 잊지 말고 들러야 할 곳이 아랑각(阿娘閣)이다. 영남루에서 대숲 사이로 난 계단을 따라 내려가면 밀양강이 훤히 보이는 곳에 아랑각이 세워

위양못 주변의 청보리밭

밀양 삼문동의 여인숙 골목

져 있다. 대숲에 들면 유난히 차가운 느낌을 받게 되는데, 이곳에서 아랑의 비극이 잉태됐기 때문일 터다.

아랑의 전설은 누구나 한번쯤 들어 본 내용이다. 밀양 부사의 딸을 사모하던 한 관노가 그녀를 범하려다 뜻을 이루지 못하자, 살해한 뒤 대숲에 묻는다. 이후 밀양에 부임한 부사들마다 연이어 목숨을 잃는 변괴가 발생했고, 한 젊은 부사가 범인을 잡아 처녀의 원한을 풀어주었다는 얘기. 아랑의 전설은 곧바로 '밀양아리랑'의 모티브가 됐다. 아랑의 정절을 사모하던 밀양의 아낙들이 '아랑 아랑'하고 부른 노래가 밀양아리랑이 됐다는 것. 남녀가 대숲에서 진한 애정표현을 하면 헤어지게 된다는 웃지 못할 이야기도 전해온다. 젊은 연인들이라면 각별히 조심할 일이다.

가는길 서울에서 갈 경우 경부고속도로 → 동대구 분기점 → 대구~부산간고속도로 → 밀양IC 순으로 간다. 수도권에서는 영동고속도로 → 중부내륙고속도로 → 김천갈림목 → 경부고속도로(이하 동일) 순으로 가면 시간을 조금 단축할 수 있다. 밀양시 종합관광안내소(055-359-5582)

맛집 밀양의 대표 먹을거리로는 단연 돼지국밥이 꼽힌다. 시외버스터미널 맞은편 밀양돼지국밥(055-354-9599)과 무안면소재지의 동부식육식당(055-352-0023), 밀양시장 내 단골집(055-354-7980) 등이 많이 알려져 있다.

잠잘곳 밀양에는 이렇다 할 호텔이나 콘도가 없다. 체험마을이나 펜션 등을 이용하는 것이 좋겠다. 단장면 평리 녹색체험마을(www.pyungri.com · 055-353-5244)과 초동면 봉황리 꽃새미마을(kkotsaemi.go2vil.org) 등이 많이 알려져 있다. 펜션은 단장면 일대에 많다. 구천리의 통나무숲속마을(055-353-6378)은 수영장까지 갖추고 있다. 고례리 물안개피는마을(055-352-4400)도 깨끗하다.

볼거리 밀양은 조선 중기의 큰스님 사명대사의 자취가 어린 곳이 많다. 무안면 고라리 생가터와 서산대사 등 3대 선사의 영정이 봉안된 재약산 표충사, 나라에 큰 일이 있을 때 땀을 흘린다는 무안리 표충비 등을 묶어 둘러보는 것도 좋겠다. 만 마리 물고기가 돌로 변했다는 만어사 너덜겅도 볼만하다.

#05

나주

주소 전남 나주시 금계동 33-1(나주목사 내아)

여행적기 4월 초~11월 초

주변 여행지 불회사 · 영상테마파크 · 영산포 홍어거리 · 반남면 고분군 · 황포돛배 · 도래마을

문의 나주목사 내아(061-330-8831), 나주시 문화관광과(061-330-8107)

한많은 세월은 물안개로 피어
청보리밭에, 산에 끓어넘치고

영산강을 찾아간 것은 푸른 새벽 무렵이었다. 아직 해가 뜨기 전, 새벽 강이 밤새 길어 올린 안개로 강변은 온통 몽환의 세상이었다. 발아래 강줄기를 따라 낮게 가라앉은 안개가 이리저리 몰려다니며 끓어넘쳤다. 강에서 범람한 안개는 청보리밭을 덮고, 마을을 덮고, 구릉까지 차올랐다. 강변의 세상이 온통 몽환의 이불을 덮고 누워 있는 풍경. 만일 여행의 목적이 오로지 '풍경에만 바쳐진 것'이라면, 이런 경관 앞에서 더 무엇을 바랄까.

# #

카메라 니콘 D3
렌즈 70~200mm
감도(ISO) 400
셔터 스피드 1/200
조리개 F 14
촬영장소 영산강
촬영팁 안개나 빛을 담은 풍경사진은 구할이 '조건'이다. 안개가 피어오르는 날을 겨눠서 찾아가기란 쉽지 않겠지만. 전날의 기후와 기상조건을 보고 대략 짐작해야 한다. 우연히 만나게 된다면 그 보다 좋을 수 없겠고. 안개가 자욱한 풍경을 담으려면 분명하게 악센트가 되는 형태 혹은 색감을 넣어야 한다. 정확한 초점에 특히 주의해야 한다. 그러지 않으면 죄다 흐릿해진다.

이곳은 영산강이 너른 들을 관통해 흘러가는
전라남도 나주 땅. 나주의 벌판을 흘러가는 것은 강물이나 안개만이 아니다. 영
산강 물길을 따라 오랜 삶도 흐르고, 이야기로 가득한 역사도 흐른다. 고려 태조
왕건이 우물가의 처자로부터 버드나무 잎이 띄워진 물그릇을 받은 곳도 나주 땅
이고, 400년 전 부임한 수령 유석증의 전설과도 같은 선정과 청렴의 자취가 남아
있는 곳도 나주다. '엄마야, 누나야 강변 살자'의 따스하면서도 서글픈 곡조가 만
들어진 곳도 영산강변이다. 영산강은 때로는 유순하게, 때로는 굽이치면서 세월
을 건너고 물길을 굽이돌아 목포 앞바다로 흘러간다.

이 땅에 어찌 이런 벼슬아치가 있었을까. 전남 나주 읍성의 자취를 돌아보다가
400년의 시간을 건너온 이야기를 만났다. 백성들로부터 그야말로 절대적인 사랑
을 받았던 고을 수령에 관한 이야기다. 지금처럼 정치인이나 관료들의 군림과 부
정이 판을 치는 세상에서, 청렴하고 근면했던 400년 전의 한 인물에 대한 이야기
는 참으로 청량하게 다가온다.

나주는 흔히들 '천년 목사(牧使)의 고을'이라고 부른다. 여기서 목사란 기독교
성직자인 목사(牧師)를 뜻하는 게 아니라, 지방 행정 단위의 하나인 목(牧)을 다스
리던 수령을 일컫는 말이다. 고려 성종(998년) 때 전국에 12목을 두었는데, 그중
하나가 바로 나주목이었고, 이 나주목을 다스리던 직책이 나주목사다. 지금으로
치면 도지사와 군수의 중간쯤 벼슬이겠다.

나주목이 생긴 이래 1000년. 그 오랜 세월 동안 유일하게 목사로 두 번 부임했
던 이가 있으니, 그가 바로 조선 광해군 때의 유석증이다. 나주목사에서 물러나
암행어사로 부임했던 그는 9년 만에 다시 나주목사로 내려온다. 나주 백성들의
로비 때문이다. 첫 부임 때 유석증의 선정을 잊지 못한 백성들은 상소를 올려 '그
를 다시 내려 보내 달라'고 간청했다. 백성들은 십시일반으로 거둔 쌀 300석을 바
치기까지 했다.

유석증이 재부임한 뒤, 이번에는 유임운동이 벌어졌다. 나주 사람들은 '유 목
사를 나주에 계속 있게 해 달라'며 상소를 올리고 거둬 모은 쌀 2000석을 바쳤다.

나주호 아래 영산강의 평화로운 풍경

유석증의 임기 동안 매년 유임운동이 벌어졌을 정도로 그에 대한 나주 백성들의
사랑은 절대적이었다. 당시 사정을 담은 광해군 일기의 한 대목을 들춰보자.

"수령을 제수하는데, 모두 뇌물을 받았기에 서로 박탈을 일삼았다. 그러나 유
석증은 청백하고 근신하여 잘 다스렸기 때문에 (백성들이) 이러한 청을 한 것인데,
백성의 마음 또한 감동적이라고 할 수 있다."

유석증의 다스림이 어떠했기에 이렇듯 백성들의 마음을 사로잡았던 것일까.
아쉽게도 그가 펼친 선정의 기록은 남겨진 것이 없지만, 백성들의 그를 향한 사랑
만큼은 400년의 시간을 넘어 전해지고 있다. 나주목사 유석증의 이야기를 되새
기기에는 시내 한복판 금계동의 나주목사 내아만한 곳이 없겠다. 내아란 나주목
사가 기거하던 살림채를 말하는데, 근래 들어 관광객들의 숙소로 개방했다. 백성
들의 사랑을 받았던 유석증도 이곳에서 기거했으리라. ㄷ자 모양의 정갈한 내아
대청마루에 앉아 금성산 자락의 야생차로 만들었다는 명다원의 향긋한 차 한 잔
을 앞에 놓는다.

　　남도땅을 굽이쳐 흐르는 영산강은 단연 나주의 강이다. 전남 담양에서 발원해 바다에 가닿기 전 광주며 함평, 무안을 감아 돌지만 영산강은 광주의 것도, 함평이나 무안의 것도 아닌 나주의 강이다. 애초에 영산강이란 이름도 1370년쯤 흑산도 사람들이 강물을 거슬러 뱃길을 따라 들어와 살던 곳을 영산현이라 부르면서 붙여진 것. 지금도 나주는 영산포를 끼고 영산강이 관통하는 평야의 중심 한가운데 있다.

　　영산강의 물길은 136km로 한강(498km)이나 금강(297km)에 비하면 보잘 것 없다. 그러나 영산강은 비옥한 나주평야를 만드는 생명의 원천이자, 문화의 교역로였다. 지금은 방조제로 막혀버리고 말았지만, 1970년대까지만 해도 뱃길은 목포항에서 강물을 따라 73km나 거슬러 올라갔고, 강줄기를 따라 도합 열여섯 개의 나루를 거느렸다. 영산포 일대는 일제강점기 무렵 가장 번성했다. 목포항이 개항하고 일본 미곡상들이 등장하면서 영산포는 나주평야의 쌀을 실어 내가던 포구가 됐다. 그래서 영산동과 이창동 일대에는 일제의 흔적이 남아 있는 건물들이 즐비하다.

목포 앞바다의 물길을 따라 들어온 배들이 닻을 내리던 옛 영산포구는 봄이면 유채꽃이 만발한다. 남도 땅 어디든 유채꽃은 있지만, 영산강변의 유채꽃은 자그마한 섬들에 심어져 있어 운치를 더한다. 이곳의 유채는 또 늦도록 환하다.

신록이 피어날 무렵 영산강변에서 가장 빼어난 풍경은 이른 아침의 안개다. 영산강에서 피어나는 짙은 물안개는 너른 나주평야를 뒤덮고, 마을을 빨아들이면서 낮은 땅을 향해 흐른다. 영산강변의 몽환적인 안개를 지켜볼 수 있는 특급 포인트는 공산면 백사리 인근의 정자 금강정 뒤편으로 난 샛길을 따라 올라가는 강언덕. 운이 좋아야 하겠지만 이른 아침 이곳에 오르면 발아래로 영산강을 따라 안개가 흐르는 선경을 대할 수 있다. 그곳에 오르면 이제 막 이삭이 패기 시작한 진초록의 보리가 물결치는 모습과 자운영이 보랏빛 융단처럼 깔린 들판을 굽이굽이 돌며 느릿느릿 흘러가는 모습이 펼쳐진다. 끝없이 펼쳐진 나주평야의 들녘에 늘어선 전봇대들이 소실점으로 사라져가면서 마을과 마을을 잇는 모습. 그 마을에는 땅을 일구고 사는 순한 사람들의 집이 있다.

영산강변에는 또 옛 선비들이 풍류를 누리던 누각이며 정자들이 즐비하다. 기록으로 보자면 영산강 전체 유역에 923개의 누정이 있었다고 했다. 누각이며 정자가 많기로 이름난 전남지역의 전체 누정이 1688개인데, 이 중 56%가 영산강을 끼고 있었던 셈이다. 아마도 영산강이 굽이쳐 흐르는 나주평야가 채워준 넉넉한 곳간 때문이었으리라.

나주의 누정 중에서 가장 풍류가 넘치는 곳을 꼽으라면 세지면 벽산리의 벽류정을 들 수 있다. 영산강의 지류인 금천을 끼고 들어선 벽류정은 느티나무 거목들이 호위하고 있는 봉긋한 언덕 위에 자리 잡고 있다. 사방을 둘러치며 마루가 놓여 있고, 그 가운데 방을 들였는데, 마루와 기둥은 물론이거니와 벽까지도 모두 나무를 짜 맞춰 세웠다. 관리가 소홀한 것이 아쉽긴 하지만 사방의 창호문을 열고 번쩍 들어 올리면 진초록의 녹음과 언덕 아래 물가의 풍경이 모두 정자 안으로 와르르 들어온다.

나주에는 멋스러운 전통마을인 도래마을이 있다. 이곳은 15년 전까지만 해도 버스도 다니지 않던 오지 중의 오지였다. 이 마을은 한옥과 기와 돌담이 제법 멋스럽게 어우러졌다. 작은 못을 앞에 두고 기품 있게 앉아 있는 양벽정과 영호정을 지나 돌담길을 돌면 반들반들 윤이 날 정도로 정갈하게 다듬어온 풍산 홍씨 일가의 전통 가옥들을 만날 수 있다. 도래마을 주민들은 아직 외지사람들에게 익숙지 않다. 고풍스러운 한옥을 구경하러 들른 외지인들에게 친절하게 이쪽저쪽을 안내해주기도 하고 민박을 치느냐는 질문에는 흔쾌히 고개를 끄덕였지만, 정작 숙박요금이 얼마냐고 물으니 우물쭈물 얼굴을 붉히면서 어쩔 줄을 몰랐다. 돈 받고 사람들을 재워줘 본 적이 없는 터라, 돈을 받는다는 게 영 불편하고 미안하다는 것이었다.

도래마을을 찾아갔다면 인근에 있는 전남산림환경연구소를 지나치지 말자. 연구소에 각종 나무와 꽃들을 심고 팻말을 붙여놓았으며 전망대와 전망데크 등을 갖춰놓고 있다. 무엇보다 이곳의 압권은 정문에서 연구소까지 이어지는 메타세쿼이아 숲길이다. 메타세쿼이아 숲길은 전남 담양의 것이 가장 널리 알려져 있지만, 이곳도 못지않다. 숲길의 길이는 담양보다 짧지만, 폭이 좁아서 비밀스럽고 안온한 느낌은 더하다. 도열하듯 늘어선 메타세쿼이아 가지에 연초록 새순이 돋으면 아름다운 색감을 빚어낸다.

잘 알려지지 않았지만, 나주는 야생차로도 유명하다. 나주시 다도면의 절집 운흥사는 '한국 차의 성인'으로 일컬어지는 초의선사가 출가했던 곳이다. 말년에 해남 대흥사의 일지암에서 다도삼매(茶道三昧)에 들었던 초의선사는 이곳 운흥사에서 차를 처음 접했다고 알려져 있다. 지금도 운흥사 주변에는 야생차들이 자라고 있다.

운흥사가 들어선 자리는 해발 500m를 오르내리는 산의 부드러운 능선으로 사방이 막혀 있다. 그래서일까. 이곳은 사방의 숲에서 재잘거리는 새소리로 가득하다. 온통 산으로 둘러친 절집이 앉은 오목한 공간이 마치 울림통의 역할을 하는지 새소리가 깜짝 놀랄 정도로 크다. 절집이 끼고 앉은 산에는 새들이 많기도 한 모양이어서, 대웅전의 꽃문살을 쪼아대는 통에 문살을 비닐과 유리로 덧대놓았을 정도다.

운흥사가 귀를 즐겁게 하는 절집이라면 인근의 불회사는 봄볕이 아름다운 절집이다. 절집으로 드는 길에는 편백나무들이 울창한데, 하늘을 찌를 듯 솟은 편

신록이 넘치는 불회사

백숲 사이로 드는 빛에 반짝이는 단풍나무 잎의 색감은 황홀할 지경이다. 불회사 선방 앞에는 수백년 묵었을 법한 단풍나무가 신록의 잎을 달고 가지를 V자 모양으로 활짝 펼치고 있다.

웅장한 불회사의 대웅전은 한눈에도 범상치 않아 보이는 풍모다. 날아갈 듯 한 지붕 추녀의 끝을 우람한 기둥이 꼭 붙들고 있는 형국이다. 운흥사와 불회사로 드는 길에는 산벚도 흐드러진다. 신록과 어우러진 순백의 산벚 색감이 빼어나다. 절집 입구의 석장승도 놓치지 말아야 할 볼거리. 해학적인 모습을 한 툭 불거진 눈의 석장승 앞에 서면 슬며시 웃음이 배어 나온다.

여행메모

가는길 호남고속도로 종점까지 가서 산월IC로 나와 광주 제2순환도로를 탄다. 순환도로 요금소를 빠져나와 유덕IC에서 우회전한 뒤 운수교차로에서 좌회전해 13번 국도를 타고 들어가면 나주에 가닿는다. 1번 국도가 지나는 나주대교 부근은 차량통행이 많은 편이어서 출퇴근 시간에 제법 차가 밀린다.

맛집 나주의 먹을거리라면 영산포의 홍어회가 첫손으로 꼽힌다. 영산교 부근의 옛 영산포구 일대에는 홍어음식점들이 밀집한 '홍어의 거리'가 조성돼 있다. 홍어1번지(061-332-7444)가 알려진 곳. 적당히 삭혀 내놓는 홍어회는 코끝을 톡 쏜다. 홍어회나 홍어삼합은 2만~3만원, 홍어무침은 1만5000~2만원. 홍어 내장에다 보리 싹을 넣어 끓인 보리애국(5000원)의 칼칼한 맛도 놓칠 수 없다. 나주목사 내아 부근에는 나주곰탕집들이 즐비하다. 뽀얗게 끓여낸 다른 지역의 곰탕과 달리 나주곰탕은 마치 고깃국처럼 맑은 국물을 내놓는데. 곰탕에 들어가는 고기도 푸짐하지만. 국물의 깊은 맛이 일품이다. 원조 격인 나주곰탕 하얀집(061-333-4292)이 가장 유명하다.

잠잘곳 나주에서 최고의 숙소라면 바로 나주목사 내아다. 내아란 관사의 안채 격인 건물로 전라남도문화재자료 132호인데 지난해부터 일반인들에게 숙박장소로 공개하고 있다. 나주시청에서 직접 운영하고 있어 가격도 저렴한 편. 방 크기와 위치에 따라 숙박요금은 5만~15만원선. 봄 햇살이 비껴드는 대청마루에 앉아 향긋한 차를 마시면 마음이 절로 푸근해진다. 나주호 인근의 골드스파리조트는 가족단위 여행자들에게 적당한 숙소.

#06

통영

주소 경남 통영시 도남동 산 63-26(한려수도조망케이블카)

여행적기 5월~11월

주변 여행지 강구안·유치환생가·세병관·미륵도 해저터널·제승당·동피랑벽화마을·
남망산조각공원·전혁림미술관

문의 통영시 문화관광과(055-645-0101)

한국의 나폴리
통영 3色 기행

한려수도가 깨어나고 있다. 섬과 섬이 끝없이 이어진 바다가 황금빛으로 물들고 있다. 그 황금빛 바다를 가르며 어선은 만선의 꿈을 안고 바다로 간다. '결결이 일어나는 파도/파도소리만 들리는 여기/귀로 듣다 못해 앞가슴 열어젖히고/부딪혀보는 바다…' 이은상 시인의 노래처럼 통영 바다가 앞가슴 활짝 열어젖히고 찬란한 아침을 맞고 있다.

카메라 니콘 D3 **렌즈** 니콘 70~200mm **감도(ISO)** 250 **셔터스피드** 1/125 **조리개** F13

촬영장소 미륵산 정상 **촬영팁** 미륵산 정상에 서면 누구나 관광엽서의 한 장면을 담을 수 있다. 한려수도가 그려내는 풍경은 그만큼 환상적이다. 여기에 생동감을 더하기 위해 이른 새벽 촬영에 도전해볼 만하다. 붉게 물든 바다와 실루엣으로 변한 섬들 사이로 출어하는 어선들의 박력 넘치는 풍경을 찍을 수 있다.

한 려 수 도 에   올 망 졸 망 뿌려진 무수한 섬 위로 새하얀 물안개가 피어오른다. 물굽이를 따라 섬들이 드나들고, 만선의 꿈을 품고 떠나는 어선을 따라 갈매기가 힘차게 비상한다. 밤새 풍랑으로 거칠게 몸을 뒤척이다가 지친 잠에서 깨어난 통영은 아침햇살이 내리자 비로소 활기를 찾는다. 그리고 시인이 노래한 것처럼 앞가슴을 열어젖히고 바다와 부딪혀 새로운 삶을 꿈꾼다.

통영에는 도처에 미륵이 있다. 통영 시내에서 차를 타고 통영대교, 또는 충무교를 건너면 닿는 곳, 그곳이 바로 통영에서 가장 큰 섬인 미륵도다. 미륵도 한가운데에 미륵산이 솟아 있다. 이 미륵산에 올라 바라보는 통영의 섬과 바다는 멋스럽다. 관광엽서의 한려수도 풍경은 십중팔구 이곳에서 찍었다니 더 말해 무엇하랴.

미륵산은 높이가 461m로 그다지 높지 않다. 그러나 울창한 수림과 맑은 물이 흐르는 계곡, 갖가지 바위굴, 고찰이 산재해 있어 범상치 않은 기운을 풍긴다. 여기에 한려수도를 파노라마로 즐기는 특급 전망은 이 산의 가치를 한껏 높여준다.

요즘은 케이블카가 놓이면서 미륵산 정상을 쉽게 밟을 수 있게 됐다. 그러나 걸어가는 맛도 나쁘지 않다. 미륵산 정상까지는 미래사에서 산길로 40분 거리. 주말이면 꼼짝없이 1시간을 기다려야 탈 수 있는 케이블카에 비하면 차라리 걷는 편이 나을 수 있다.

미래사는 미륵불이 오시는 절이란 뜻. 이 절은 햇볕이 잘 들고 빽빽하게 들어찬 편백나무 숲 사이에 고즈넉하게 앉아 있다. 미래사에서 상쾌한 편백나무숲을 지나 산을 오르면, 이마에 땀이 송골송골 맺힐 때쯤 정상에 닿는다.

미륵산 정상에 서면 통영 앞바다가 왜 다도해인지 알 수 있다. 잉크를 풀어놓은 것처럼 푸른 바다 위에 섬과 섬은 서로 겹치며 떠 있다. 섬 너머에 섬, 또 섬이다. 일망무제로 펼쳐지는 다도해 풍경이 말을 잊게 한다. 한산도와 우도, 비진도, 욕지도, 연화도, 매물도, 사량도 등 150개의 크고 작은 섬들이 어깨동무를 하고 소곤소곤 정담을 나누는 모습이 보는 이를 탄복하게 만든다.

미륵산 정상에 선 이들은 죄다 바다풍경에 넋을 잃는데, 또 한 가지 놓칠 수 없

미륵산 정상에서 내려다본 야싯골마을 다랑논의 아침(위)과 저녁(아래) 풍경

는 풍경이 있다. 바로 서남쪽 발 아래로 내려다보이는 야싯골마을의 다랑논 풍경이다. 미륵산 자락을 끼고 층층이 올라붙은 다랑논과 논둑길, 실핏줄처럼 구불구불 이어진 농로는 조형미가 완벽한 한 폭의 그림이다. 여기에 모내기를 앞두고 논물을 받아 놓으면, 햇살이 수면에 반사되어 더욱 특별한 풍경을 완성한다.

요즘 통영에서 가장 인기 있는 여행지는 동피랑 마을이다. 이 마을은 강구항이 내려다보이는 언덕에 들어선 달동네인데, '동쪽의 벼랑'에 있다고 해서 이런 이름이 붙었다. 일제강점기 시절, 통영항과 중앙시장에서 인부로 일하던 하층민들이 모여 살면서 형성된 마을이다.

50여 가구가 비탈면에 다닥다닥 붙어 사는 허름한 달동네가 일약 이름난 관광지가 된 것은 바로 벽화 때문. 동피랑은 구불구불한 옛날 골목을 온전하게 간직한 곳. 거미줄처럼 이어진 전깃줄, 바닷바람에 펄럭이는 빨래, 녹슨 창살 등 우리가 기대하는 골목 풍경이 이곳에 다 있다. 여기에 원색의 벽화가 어우러지면서 특별한 골목 풍경이 완성됐다.

사실 동피랑의 벽화는 우연한 계기로 그려졌다. 본래 동피랑은 재개발을 위한 철거가 예정되어 있었다. 동피랑은 조선시대 이순신 장군이 설치한 통제영의 동포루(東砲樓)가 있던 자리로, 통영시는 마을을 철거해 동포루를 복원할 계획이었다. 그러자 이에 반발한 지역의 한 시민단체가 '동피랑 벽화공모전'을 열었고, 전국에서 몰려온 미술인들이 담벼락에 벽화를 그리면서 '벽화가 있는 골목'으로 새롭게 태어났다. 이 벽화가 아름아름 알려지면서 여행자들이 몰려 들었고, 지금은 통영에서 제일가는 여행 명소가 됐다.

동피랑 마을로 가는 길은 중앙시장 옆 '강원수산' 골목을 끼고 지그재그로 나 있다. 마을에 들어서면 감칠맛 나는 통영 사투리를 써놓은 팻말이 눈길을 끈다.

"무섭아라! 사진기 매고 오모 다가, 와 넘우집 밴소깐꺼지 디리대고 그라노? 내사 마, 여름 내도록 할딱 벗고 살다가 요새는 사진기 무섭아서 껍닥도 몬벗고, 고마 딥어 죽는줄 알았능기라."(무서워라! 사진기 매고 오면 다예요? 왜 남의 집 변소까지 들여다보고 그래요? 나는 여름내 옷 벗고 살다가 요즘은 사진기 무서워서 옷도

통영의 명소로 떠오른 동피랑 마을의 벽화들

동피랑 마을에서 내려다본 강구안

못 벗고, 그냥 더워서 죽는 줄 알았다니까요.)

한 굽이 한 굽이 돌아설 때마다 새로운 벽화가 눈길을 사로잡는다. 천사의 날개가 그려진 벽화에선 누구나 천사가 되고, 커다란 고래가 그려진 벽화와 작은 물고기들이 헤엄치는 그림은 바다 속 풍경이다. 해질녘 골목길에서 숨박꼭질에 정신없는 개구쟁이들이 그려진 벽화를 보고 있으면 '꼭꼭 숨어라 머리카락 보인다'는 동요가 들릴 것만 같아 추억 속 동심으로 빠져들게 한다.

마을을 한 바퀴 돌다 보면 파고다카페와 만난다. 사실 간판만 카페이지 조그만 구멍가게다. 백태기 할아버지가 과자와 음료수, 커피, 컵라면 등을 판다. 커피를 주문하면 할아버지가 종이컵에 커피믹스를 직접 타준다. 바다를 바라보며 마시는 커피 한 잔, 참 달다.

가는길 경부고속도로와 대전~통영고속도로를 이용, 통영IC를 나오면 시내로 바로 진입한다. 남해고속도로를 이용하면 사천 나들목에서 33번 국도로 들어선다. 국도를 타고 사천과 고성을 지나면 통영 시내.

맛집 통영은 지역색을 반영한 독특한 먹을거리로 유명한데, 그중 가장 대표적인 것이 통영만의 독특한 술 문화인 '다찌집'이다. 이곳은 주문법과 계산법이 다른 고장의 음식점과는 다르다. 메뉴판에는 술값만 적혀 있다. 소주 1병이 1만원, 맥주는 1병에 6000원, 1인당 2만~3만원 하는 것도 있는데, 한 테이블에 기본으로 무조건 4만원을 맞춰야 한다. 술은 얼음이 채워진 플라스틱통에 담겨 나온다. 술을 플라스틱통에 넣어내는 것은 다찌집의 원칙이다. 안주의 선택권은 손님에게 없다. 안주값은 이미 술값에 포함돼 있다. 손님은 주인이 내주는 대로 안주를 먹어야 한다. 주인이 내놓는 안주는 그날 포구에서 산 싱싱한 해산물로 구성된다. 무슨 안주가 나올지는 순전히 주인 마음이라는 이야기다. 조개, 돌미역, 새우, 해삼, 멍게, 꽁치구이, 생선회 등을 하나 둘씩 테이블 위로 올린다. 술이 한 병씩 추가될 때마다 성게알, 해삼창자, 키조개 등이 더해진다. 매운탕이며 바삭한 튀김까지 죽 늘어놓는 안주에 기분까지 흐뭇해진다. 향남동 골목길 포장마차에서 시작했다는 '우짜'도 특이한 요리다. 멸치를 닮은 밴댕이를 넣어 우려낸 국물로 국수를 말고, 그 위에 자장을 얹은 뒤 후추와 고춧가루를 뿌려 낸다. 우동을 먹자니 자장이 먹고 싶고, 자장을 먹자니 우동이 먹고 싶다는 손님을 위해 아예 그 둘을 섞어버린 것. 하지만 익숙지 않은 독특한 맛에 고개를 살짝 갸우뚱하게 만든다. 여러 집 가운데 향남우짜(055-646-6547)가 많이 알려졌다. 적십자병원 뒤 오미사(055-645-3230)의 꿀빵도 통영의 잊지 못할 맛이다. 꿀빵은 팥소를 넣어 튀겨낸 빵에 끈적끈적한 시럽을 발라 깨를 뿌려낸다. 본점에서는 아버지가, 분점에는 아들이 대를 이어서 꿀빵을 만들어낸다. 충무김밥도 빼놓을 수 없다. 뚱보할매김밥(055-645-2619)의 충무김밥은 더 이상 설명이 필요 없다. 졸복국도 유명하다. 작은 붕어 크기의 졸복을 넣고 미나리, 콩나물과 함께 끓여 내놓는 졸복국은 밋밋한 듯하면서도 깔끔하고 시원만 맛을 낸다. 서호시장의 호동식당(055-645-3138)이 잘한다. 봄철에 먹는 도다리쑥국도 있다. 물이 오른 도다리를 맑은 탕으로 끓여 그 위에 어린 쑥으로 향을 낸다. 입에서 사르르 녹는 도다리 살과 코끝을 간질이는 향긋한 쑥 향이 일품이다.

잠잘곳 통영에는 호텔과 콘도미니엄도 있고, 깔끔한 모텔급 숙소들도 즐비하다. 최근 들어 곳곳에 펜션들도 들어서고 있다. 충무관광호텔(055-645-2091)도 괜찮고, 비치호텔(055-642-8181), 충무마리나콘도(055-646-7001)도 깔끔하고 좋다. 모텔급은 통영항의 강구안을 바라보고 서 있는 나폴리 모텔(055-646-0202)이 추천할 만하다. 또 미륵도에서도 가장 아름다운 풍광을 자랑하는 통영ES리조트(www.es-condo.co.kr)는 지중해풍 리조트다.

볼거리 미륵도 산양일주도로를 빼놓을 수 없다. 특히 중화마을부터 달아전망대까지 2km가 가장 아름답다. 해질 때 이 길을 달리면 환상이다. 통영이 고향인 유치환 시인이 이영도에게 연서를 쓰던 중앙동우체국이 있는 청마거리, 전혁림미술관, 이충무공의 흔적이 남아 있는 세병관, 남망산 조각공원, 한산도, 소매물도 등도 놓칠 수 없는 볼거리다.

＃07

경주

주소 경북 경주시 안강읍 옥산리 1600-1(독락당)

여행적기 5월~11월

주변 여행지 불국사 · 삼릉 · 경주박물관 · 대릉원 · 포석정 · 황룡사지 · 감은사지삼층석탑 · 대왕암

문의 독락당(054-779-6394), 경주시 문화관광과(054-779-6077)

거대한 시간의 지도 경주,
그곳에서 만난 조선의 시간들

경주는 거대한 시간의 지도를 펼쳐놓은 것 같은 곳이다. 그러니 경주를 여행하는 방법에 대해 말하자면, 도대체 어디서부터 어떻게 시작해야할지 난감할 따름이다. 마찬가지로 어느 것도 그르지 않고, 어느 것도 전적으로 옳지 않다. 그렇다면 사람들이 '자주 놓치는 것'들에 대해 이야기하는 수밖에 없겠다. 그렇게 찾아본 것이 바로 경주에 켜켜이 잠겨 있는 '조선의 시간'들이다. 권력다툼에 패한 뒤 세상으로 열린 문을 모두 걸어잠그고 칩거한 이언적이나 단종폐사에 울분을 품고 남산에 든 김시습처럼, 경주에 옹이처럼 박혀 있는 조선의 시간들이 부른다.

# #

카메라 니콘 D3
렌즈 니콘 24~70mm
감도(ISO) 200
셔터 스피드 1초
조리개 F18
촬영장소 옥산서원 앞 나무다리
촬영팁 단조로운 초록의 숲에 흰 이팝나무꽃을 함께 넣어 풍성하게 담는다. 숲이나 나무를 촬영할 때는 명부와 암부가 뚜렷하게 나뉘는 맑은 한낮보다는 부드러운 광선이 있는 이른 아침이나 흐린 날이 좋다. 숲을 찍을 때는 사람을 넣는 것이 숲과 나무의 규모를 보여줄 수 있어 효과적이다.

먼 저 회 재 이 언 적 의 자취를 쫓아 경주의 북

쪽 안강으로 간다. 너른 평야를 끼고 있는 경주의 안강읍은 편안할 안(安)자에 편
안할 강(康)자를 쓴다. 신라 경덕왕 때 마을 주민들의 평안을 기원하는 뜻에서 이
런 이름이 붙여졌다고 했다. 형산강이 유순하게 흘러가는 안강 일대는 너른 안강
평야와 해발 무릉산, 도덕산의 부드러운 산세가 어우러져 한 눈에도 편안한 느낌
이다. 경주가 가진 고즈넉하고 부드러운 맛을 느끼자면 이곳 안강이 으뜸이다.

안강에는 회재 이언적의 자취가 뚜렷하다. 조선 중종때의 문신인 이언적은 중
종의 사돈이자 당대의 실력자인 김안로 재등용을 반대하다 관직에서 쫓겨나 자옥
산 자락에 집을 지어 '독락당'이란 현판을 걸고 은거했다. 독락당의 구조는 독특
하다. 집 밖에서는 안이 도무지 들여다보이지 않는다. 낮은 담을 치고 있는데도
그렇다. 담을 높이는 대신 집을 낮춰 지은 탓이다.

시선을 차단하는 긴 담은 집 안에서도 이어진다. 건물과 건물을 담으로 차단해
심지어 식솔들의 시선까지도 감추고 있다. 집이 곧 그곳에 깃들어 사는 이의 정신
을 드러내는 것이라면, 독락당만큼 집주인의 심성과 자세를 그대로 드러내는 집
도 없을 터다. 대지주의 집에서 태어나 유복한 삶을 살다가 정계로 진출했던 그는
김안로와의 권력다툼에 패해 낙향한 뒤 세상으로 향한 문을 모조리 닫고 싶었을
게 틀림없다. 그럼에도 그는 담을 높이는 것이 아니라 집을 낮추는 방법을 택했
다. 스스로 몸을 낮추는 성리학자다운 발상이다.

그러나 독락당에도 유일하게 '열린 곳'이 있으니 바로 정자인 계정(溪亭)이다.
천을 끼고 있는 정자는 아름답기 그지없다. 아름드리 나무들이 계곡을 끼고 터널
을 만들고 있고, 물과 숲을 내려다볼 수 있는 곳에 툭 터진 정자가 들어서 있다.

이언적이 지어붙인 택호인 '독락(獨樂)'은 자연과 벗삼아 노니는 도가적인 그런
즐거움이 아니라 벼슬에서 물러나 '홀로 학문하는 즐거움'을 일컫는 쪽에 더 가깝
지 싶다. 그렇다면 독락당의 계정에서는 술 몇 잔에 취해 음풍농월 하는 것보다
는, 청량하고 촉촉한 기운 속에서 책을 펴들고 읽는 것이 더 마땅하지 싶다. 계정
에 올라 자계천을 바라보며 이언적이 지은 한 줄 싯구절을 떠올린다.

봄 깊은 산야에 온갖 꽃이 새롭고

한가히 봄을 읊으며 혼자 걷다 개울가에 선다

봄의 신에게 묻노니 섬기는 분이 누구신가

붉고 흰 온갖 빛깔 천진한 마음에서 난 것이리라

아마도 봄을 딛고 넘어선 이즈음 무렵이었으리라. 그가 독락당 계정에 올라 잠시 책을 접어두고 정자 아래 흐르는 물을 내려다보며 시를 짓는 모습이 선연하게 그려진다.

독락당 인근에는 옥산서원이 있다. 이언적이 세상을 뜬지 20년 뒤에 지어진 서원이다. 서원으로 드는 길에는 귀하다는 회화나무가 10여 그루에 이르고, 수백년 된 굴참나무와 느티나무, 이팝나무, 향나무들이 우람한 수형으로 짙고 어둑한 그늘을 드리우고 있다. 이팝나무에는 지금 순백의 꽃들이 마치 눈송이처럼 피어났다. 어디 나무뿐일까. 서원 앞으로는 자계천이 흐르는데, 너럭바위를 도는 물굽이가 자그마한 폭포를 만들어내고 있다. 물길에는 시멘트로 만들긴 했으되 외나무 다리도 놓여있다. 그저 '그곳에 있는 것'만으로도 저절로 풍류가 느껴지는 공간이다.

보통 서원들은 정남향을 하고 앉기 마련인데, 이곳 옥산서원은 서향이다. 그것은 아마도 자계천의 계곡을 앞으로 들이기 위한 것이었으리라. 서원에는 너른 누각과 전교당, 장판각 등을 갖추고 있지만, 옛 선비들은 정작 서원의 건물보다 아마도 이 어둑하고 짙은 계곡의 숲에서 학문을 논했을 터이다.

옥산서원에서 눈여겨볼 것은 마치 서예전시장을 방불케하는 현판들이다. 서원의 정문인 역락문(亦樂門)은 한석봉의 글씨다. 문을 들어서 만나는 이층 누각인 무변루(無邊樓)와 서원의 주건물인 구인당(求人堂)의 현판 역시 모두 한석봉의 솜씨다. 구인당 앞에 걸어둔 옥산서원이란 현판은 추사 김정희의 글씨다. 애초에는 토정 이지함의 조카로 명필로 이름을 날렸던 이산해의 글씨가 걸려 있었단다. 그러나 화재로 서원을 보수하면서 헌종 임금이 전면에 추사에게 현판을 다시 쓰도록 명해 앞쪽에는 추사의 현판을, 안쪽에는 이산해의 현판을 걸도록 했다고 전한다. 한석봉의 글씨는 독락당에서도 보이는데, 계정에 붙은 계정(溪亭)과 인지헌(仁智軒)이란 현판이 그의 솜씨다. 또 계정의 한쪽 작은 방 위에 현판 양진암(養眞庵)은 퇴계 이황의 글씨다.

경주에서 조선의 시간을 볼 수 있는 또 한 곳이 바로 남산이다. 남산은 신라인들이 이루려했던 불국토의 모습을 둘러볼 수 있는 곳이다. 남산이란 경주의 남쪽에 있다 해서 붙여진 이름으로 금오산과 고위산을 한데 이른다. 남산이 가진 주름치마와 같은 수많은 골짜기마다 불상과 탑들이 서있다. 입체적인 석불과 벽에 돌을 새김한 마애불, 암벽에 붓으로 그리듯 파놓은 선각마애불들이 1000년의 세월을 건너와 우뚝 서있다.

남산은 신라의 불국토였지만, 용장골로 내려서는 길의 삼층석탑만큼은 조선의 역사가 잠겨 있다. 이곳은 남산에서 가장 큰 절집이 용장사가 있던 곳인데, 절집 위쪽의 암봉에다가 석탑을 앉혀놓았다. 일제시대 도굴꾼에 의해 무너졌다가 다시 세워진 석탑은 군데군데 깨진 채지만, 바위에 우뚝 솟아 저 아래 사바세계를

남산 상선암 마애불

남산 용장골에 있는 용장사지삼층석탑

내려다보는 풍모 앞에서는 누구든 마음을 빼앗기고 말터다. 무어라 설명할 수 없는 기운과 정신이 느껴지는 곳이다.

용장사는 세조의 왕위찬탈 소식을 듣고 책을 다 불사른 뒤 평생을 유랑했던 매월당 김시습의 흔적이 있는 곳이다. 절집은 비록 다 허물어져 돌무더기만 남아있지만, 방랑길의 김시습은 이곳에서 머물며 《금오신화》를 썼다. 용장사에 은거하던 김시습도 600년 전쯤 이곳 삼층석탑이 서있던 바위 위에 올라 저 아래 떠나온 세상을 내려다보았으리라.

남산의 삼릉골로 올라 용장골 삼층석탑을 보고 내려서는 길에 다리 쉼을 하다 제법 큰 돌 하나가 발에 채었다. 옥개석의 문양이 뚜렷한 돌은 아마도 이 골짜기에서 수백년 동안 탑으로 섰다가 무너져 내린 것인 듯 싶었다. 1000년도 더 된 시간의 저쪽에서 자연의 바위가 석탑이 돼서 산 아래 마을들을 굽어보고 있다가 다시 허물어져 다시 뒹구는 돌이 돼서 자연으로 되돌아가는 중이었다.

　경주에서는 오랜 시간을 지나와 우뚝 서있는 유물들도 기특하지만, 어쩌면 이런 유물들이 관통해온 시간들이 더 소중한 것이 아닐까. 석탑으로 서 있다가 다시 자연으로 되돌아가고 있는 돌 하나도, 간절하게 불국토를 이루려 했으나 끝내 무너져내리는 것을 바라보았을 신라인들의 삶도, 유배와 낙향을 거듭하며 경주로 찾아들었던 조선시대 선비들의 정신들도 다 그런 소중한 유물들이 아닐까. 몇 개의 유물과 불상과 석탑이 아니라 비바람에 깎이고 시간에 무너지는 것들의 아름다움, 바로 그곳 경주에 있다.

가는길 경주까지는 경부고속도로를 타고 가면 된다. 수도권에서 가자면 내내 경부고속도로를 타고 가는 것보다. 영동고속도로 여주갈림목에서 중앙고속도로를 타고 금호분기점까지 가서 경부고속도로로 갈아타고 가는 것이 더 빠르다. 옥산서원과 독락정이 있는 안강쪽으로 가려면 경부고속도로 도동IC에서 대구~포항간 고속도로로 갈아타고 북영천IC로 나와 28번 국도를 타고 가는 것이 빠르다. 경주시내에서는 925번 지방도로를 타고 서경주역을 지나자마자 우회전해 68번 국도에 올라 형산강을 따라 안강까지 가서 28번 국도를 만나 좌회전하면 옥산서원 이정표를 만난다. 경주 시내에서 차로 50분쯤 걸린다.

맛집 경주는 관광객들이 몰리는 곳이라 다양한 메뉴의 맛집들이 많긴 하지만, 시기에 따라 음식이 고르지 않고 들쑥날쑥한 편. 한동안 경주하면 쌈밥집을 연상할 정도로 위세를 떨쳤지만, 이즈음에는 쌈밥집에서 내오는 메뉴들이 다소 부실해졌다는 평을 받고 있다. 경주에는 또 두부집들도 즐비한데, 황남동 부근의 황남 맷돌 순두부(054-771-7171)가 추천할 만하다. 순두부 맛도 좋지만, 두부와 고기완자를 섞어내는 모듬전도 괜찮은 편이다. 횟집을 찾겠다면 감포항보다는 아예 포항으로 나가 죽도시장을 들러보는 것이 좋겠다. 대구~포항간 고속도로가 놓인 뒤로는 감포로 가는 것이나 포항으로 나가는 것이나 시간이 크게 차이나지 않는다. 죽도시장에는 즉석에서 생선을 골라 횟집을 떠주는 횟집거리가 조성돼 있다. 이즈음에 찾아간다면 봄에 가장 단맛이 돈다는 도다리회가 단연 최고다.

잠잘곳 경주는 워낙 일찌감치 개발된 관광지이니만큼 숙소들도 다양하다. 보문호를 둘러싸고 호텔들도 즐비하고 콘도미니엄도 곳곳에 있다. 최근에는 펜션들이 붐을 이루고 있다. 가족단위 관광객이라면 호텔보다 콘도가 더 낫다. 콘도 중에는 보문호를 바로 옆에 끼고 있는 대명리조트 경주가 단연 돋보인다. 개관한지 올해로 4년째인데 시설 관리가 워낙 잘 돼 객실이 깔끔하고 고급스럽다. 리조트내의 물놀이 시설도 충실해서 가족과 함께 즐기기에 좋다.

#08

벼룻길

주소 전북 무주군 부남면 대소리 금강변
여행적기 5월초~중순
주변 여행지 무주 구천동 · 덕유산 · 안국사 · 나제통문 · 반디랜드
문의 부남면사무소(054-870-8301)

봄볕은 따사롭고
강물은 신록으로 물들고

길은 오래 전부터 있었다. 금강을 따라 강마을을 오가던 길이다. 하지만 그 길은 강 위로 이쪽과 저쪽을 건너는 다리가 놓이면서 죄다 흐려지고 말았다. 그렇다고 사라진 것도 아니다. 마치 빙하기에 멸종된 공룡처럼, 또는 켜켜이 지층 속에 고스란히 담긴 유물처럼, 그렇게 옛길은 시간이 딱 멈춰버린 것처럼 시간 속에 잠겨버리고 말았다. 그 길을 따라 걸어보았다. 봄볕은 따사롭고, 신록은 강물을 초록으로 물들이던 봄날에.

카메라 니콘 D3 **렌즈** 70~200mm **감도(ISO)** 400 **셔터스피드** 1/15 **조리개** F 16 **촬영 장소** 대소리 금강변 벼룻길 **촬영팁** 신록의 반영을 담으려면 수면이 잔잔한 이른 아침을 택해야 한다. 이곳은 동쪽을 산자락이 막고 있어 아침볕이 들지 않아 적정노출을 확보하려면 삼각대는 필수다. 화이트밸런스를 세밀하게 조정해서 눈으로 보이는 신록의 맑은 초록빛을 그대로 담아내야 한다.

산 깊은 무주에서 금강의 물줄기는 제법 가파른 벼랑을 치고 간다. 옛길은 당연히 그 벼랑의 비탈면에 놓여 마을과 마을을 이었다. 강물 위로 거대한 콘크리트 다리가 놓이는 것과 동시에 옛길이 쓰임새를 잃고 만 것은 어찌 보면 당연하다. 본래 이쪽과 저쪽을 잇는 것이 길의 목적이라면 불편하기 짝이 없던 옛길은 마을사람들의 추억 속에나 남아 있을 것이다. 금강의 옛길이 아름다운 것은 그 때문이다. 옛길은 차근차근 넓혀져 대로가 되지도 않았고, 그렇다고 이리저리 손을 대다 헝클어져버리지도 않았다. 다만 어느 날 한 순간에 강에 다리가 놓이면서 한꺼번에 송두리째 잊혀졌을 뿐이다.

한순간에 옛길을 잠가버린 '시간의 지층'을 알고 본다면, 무주의 금강 변에서 옛길을 찾아가는 것은 사실 간단하기 짝이 없다. 지도를 펴고 금강을 건너는 다리를 다 지워버리면 강변의 마을과 마을 사이에 모두 옛길이 있었다고 보면 된다. 그 옛길은 희미한 자취로 남아있으되, 경관은 무릎을 칠 정도로 빼어나다. 강변의 옛길이 워낙 거친 지형을 타고 넘기도 하거니와, 번듯한 아스팔트 도로가 최단거리를 고집하느라 훌쩍 지나쳐버리는 깊숙한 곳들의 아름다움을 그 길은 오롯이 보여주기 때문이다.

금강변의 옛길 들머리로 삼은 곳이 금강의 '벼룻길'이다. 벼룻길이라 함은 곧 '강변 벼랑길'을 뜻하는 말이리라. 벼랑을 깎아 만든 그 길을 걸어보면 이런 이름이 붙은 연유를 단박에 알 수 있다. 벼룻길의 출발지점은 전북 무주군 부남면소재지인 대소리. 면사무소 앞에서 교회 뒷길을 물어 시멘트도로를 따라 구릉을 오르면 사과밭 곁에서 포장도로가 딱 끊긴다. 여기서부터 벼룻길은 시작이다. 들머리는 거칠다. 뾰족한 잔돌들이 밟히고, 나뭇가지와 넝쿨들이 슬금슬금 길 안쪽으로 들어왔다. 그 숲을 헤치고 잠깐이면 철쭉이 만발한 제법 뚜렷한 길이다.

왼쪽으로 금강을 끼고 산비탈의 좁은 소로를 따라 걷는 길이다. 원래 이 길은 벼룻길이 끝나는 건너편 율소마을의 대뜰에 물을 대기 위해서 일제 때 놓았던 농수로였다고 했다. 농수로를 놓으면서 수로가 곧 길이 됐다. 율소마을 앞의 대티교가 놓이기 전에는 율소마을의 주민들이 부남면소재지로 가려면 이 길밖에 없었다. 주민들은 대소리에 서는 오일장을 보러 이 길을 걸었을 것이고, 아이들도 이 길로 면소재지의 학교에 다녔을 것이다. 호적등본 하나를 떼려 해도, 면소재로 추곡수매를 하러 갈 때도 이 벼룻길을 짚어서 갔으리라.

벼룻길은 고작 1.2km남짓으로 짧아서 아쉬운 길이다. 그러나 그 길에서 몇 번을 멈춰 섰는지 셀 수조차 없다. 길에 들어서자마자 코끝에 짙은 꽃향기가 확 풍긴다. 으름넝쿨에서 피워 올린 몇 송이의 꽃이 어찌 이리도 진한 향기를 내뿜는지. 강물과 어우러진 철쭉의 환한 빛깔도 발길을 자주 붙잡는다. 그러나 가장 감동적인 것은 강변의 나무들이 온통 피워 올린 신록이다. 멈춰 서서 온 길을 뒤돌아볼라치면 나무들의 신록이 그대로 강물에 반영돼 선경을 펼쳐 보인다.

벼룻길 중간을 넘어서면 강변에 불쑥 바위가 서 있다. 이름하여 각시바위다. 시어머니와의 갈등으로 이른 새벽 아무도 몰래 집을 나온 며느리가 앉아 기도를 하자 바위가 하늘을 향해 솟아오르다가 시어머니가 소리를 지르는 바람에 멈추고 말았다는 전설이 내려온다. 벼룻길은 각시바위 아래 10여m 길이의 동굴을 지난다. 벼룻길을 막아선 바위를 정으로 쪼아서 낸 동굴이라 했다. 바위를 뚫고 길을 내는 것은 강물만이 아니다. 타들어가는 논바닥을 보다 못한 농민들의 우직하고 고된 노동도 능히 바위를 뚫어 길을 낸다.

벼룻길이 끝나는 밤소마을을 지나면 대티교 삼거리다. 여기서 직진해서 상굴

금산 방우리마을 복숭아밭

암교를 지날 때까지는 도리 없이 아스팔트 포장도로에 올라야 한다. 강변쪽에 길이 없는 것은 아니지만 이쪽 길은 찾기도 어려울 뿐더러 곳곳에 습지가 있다. 상굴교를 건너서 굴암슈퍼쪽에서 다시 강변으로 내려선다. 강을 건넜으니 이제 강을 오른쪽 어깨에 끼고 걷는다. 이쪽의 강변길은 강과 같은 높이로 딱 붙어서 지난다. 가늘게 삭아가는 억새 너머로 강물이 유장하게 흘러간다.

여기서부터는 햇볕이 그려내는 세상이다. 굴암리를 지나온 금강이 황새목 절벽을 만나서 이룬 큰 소(沼)를 지나고, 다시 강물이 노고산을 만나 빚어낸 깎아지른 석벽도 지나면 너른 강변이 펼쳐진다. 강변에는 새잎을 환하게 내놓은 버드나무들이 반짝이는 강물과 한데 어우러진다. 강변에는 벌써부터 아이들이 바지를 걷어붙이고 물놀이를 하고 있다.

　잠두교 교각 아래를 지나서 잠두마을로 접어들면 두번째 길이 기다리고 있다.
사실 2주 전에 무주에서 이 길을 가장 먼저 만났다. 강변의 길가에 환하게 벚꽃이
피어났을 무렵이었다. 충남 금산의 오지마을로 들었다가 우연히 마주친 이들로
부터 '잠두마을의 옛길이 좋다'는 귀띔을 듣고 찾아 나선 길이었다. 그 길의 들머
리에 섰을 때 눈을 의심할 수밖에 없었다. 신록과 벚꽃이 어우러진 그 길의 범상
치 않은 아름다움이라니…. 강변 버드나무 신록이 꽃보다 더 아름다웠고, 끝간데
없이 길을 따라 심어진 벚나무마다 꽃이 흐드러지게 매달려 있었다. 그 길에서는
한 발짝 한 발짝을 내딛기가 아쉬웠을 정도였다. 그저 '좋다'는 말로는 터무니없
이 모자랐다. 무주의 다른 강변길을 찾아 나선 것도 따지고 보면 그 길의 아름다
움에 반해서였다.

신록에 물든 벼룻길

　그리고 2주가 지난 뒤 찾은 강변 벚나무길은 이번에는 온통 신록으로 칠해졌다. 20여 년 전까지만 해도 무주와 금산을 잇는 번듯한 비포장 국도였으나 잠두교가 놓이면서 길은 잊혀졌다. 하지만 그 아름다움마저 가릴 수는 없었으니 해마다 벚꽃이 피는 봄날이면 알음알음 옛길의 정취를 즐기려는 사람들이 찾아든다.

　벚나무 길에서 다시 아스팔트로 내려서서 새로 놓인 용포대교 교각 아래를 지나면 옛 용포교에 닿는다. 여기서 다리를 건너지 말고 시멘트도로를 따라 200m쯤 가다보면 차량 교행을 위해 도로를 넓혀놓은 곳이 두 곳 있다. 두번째 폭을 넓힌 시멘트도로 바로 위쪽으로 희미하게 길의 자취가 남아 있다. 여기가 바로 세 번째 강변길이다. 이 길은 일제 강점기이던 1938년에 용포교가 놓이면서 잊혀진 곳이다. 강 건너편으로 널찍한 포장도로가 나고, 다리가 휙휙 건너다니니 옹색한 강변길은 아무데도 쓸모가 없어졌던 것이다. 그러나 길은 갈수록 또렷해진다.

이 구간의 강변길은 강 건너편 길에 포장공사가 시작돼 다른 두 곳의 길에 비해 사뭇 정취가 덜한 편이다. 그러나 발 아래로 내려다보는 강물과 숲에 집중해서 걷는다면 그것만으로도 모자람이 없다. 강 건너 멀리 내다보면 너른 들녘과 사과나무 과수원들이 펼쳐져 있어 색다른 맛을 주기도 한다. 게다가 대치리에 드는 강변에 합수머리가 있어 강물의 흐름이 훨씬 더 힘차다.

마을 주민들은 이전에는 무주에서 금산으로 가던 버스가 잠두마을 벚꽃길을 지나서 이쪽 강변길을 거쳐 배에 올라타서 대치리 마을의 소이진 나루터로 건너가 금산으로 향했다고 했다. 지금은 자취마저 희미한 오솔길이라 믿겨지지 않지만, 그때만 해도 버스가 다닐 정도의 신작로였던 셈이다. 버스 운행이 끊긴 뒤에도 한동안 강을 건너는 섶다리가 놓여 있었지만 그마저도 다 쓸려 내려갔고, 지금은 시멘트로 지은 낡은 세월교만 남아있다. 부남면 대소리에서 출발해 옛길을 따라 이렇게 다 걸어서 세월교를 건너 대차리로 들면 15km의 강변길은 아쉽게도 끝이 난다.

가는길 무주의 금강변 길을 찾아가려면 무주군 부남면소재지인 대소리로 가는 것이 순서다. 경부고속도로와 대전통영고속도로를 이용, 금산IC로 나온다. 금산 방면으로 가다가 우체국 사거리에서 중앙로, 종합운동장 방면으로 죄회전 한 후 홍도삼거리에서 무주 방면으로 좌회전해 8km쯤 가면 부남면 대소리다. 여기서부터 강변을 따라 걷는 15km 남짓의 길이 시작된다.

맛집 금강에서 잡은 민물고기에 금산인삼을 넣고 끓인 인삼어죽은 전복죽이 울고 갈 정도로 맛과 영양이 높은 음식으로 인기다. 부리면 적벽강가든(041-753-3595), 제원면 청풍명월(041-752-1920)이 맛나게 한다. 금산읍 인삼약초거리에는 인삼튀김집이 여러 곳 있다. 인삼 한 뿌리 1000원, 막걸리 한 잔에 1000원(한 주전자는 5000원)이다. 튀김은 조청에다 찍어먹는데, 맛이 괜찮다. 원조 금산인삼튀김(041-752-0102)과 80번 상가 백제인삼사(041-754-5611)가 유명하다.

#09

우포늪

주소 경상남도 창녕군 유어면 세진리, 대대리 일원(우포늪)

여행적기 봄〜겨울

주변 여행지 화왕산 · 교동고분군 · 만옥정공원 · 부곡온천

문의 우포늪관리사무소(055-530-1553), 창녕군 생태관광과(055-530-1534)

생명의 늪에 펼쳐지는
봄날의 서정

봄, 늪이 깨어나고 있습니다. 곧 늪에 초록 융단이 깔리고 부들과 창포가 훌쩍 자라겠지요. 팽이가래, 자라풀이 수면을 가득 메울 것이고 가시연, 어리연이 꽃망울을 터뜨릴 테지요. 초록 융단 위로 왜가리가 날고 쇠물닭이 요란스럽게 알을 낳을 테지요. 늪은 생명을 품었습니다. 물땡땡이, 게아재비, 장구애비, 고라니, 남생이, 참개구리, 붕어, 가물치, 물달팽이, 논우렁이… 수많은 생명체가 늪에 살고 있습니다. 아니, 늪이 살아있습니다. 케케묵지 않고 싱싱한 냄새를 풍기며 늪은 숨을 쉽니다. 인간은 이 늪에서 생태계의 일부가 됩니다. 늪에서는 도시인이 몸에 밴 문명의 건조함을 떨어내는데 그리 오랜 시간 걸리지 않습니다.

카메라 니콘 D3 **렌즈** 니콘 70–200mm **감도(ISO)** 200 **셔터스피드** 1/80 **조리개** F6.3
촬영장소 우포늪 **촬영팁** 이른 아침 소목마을의 어부가 타고 나간 장대나룻배에 앉아 미리
쳐 둔 어망을 들여다본다. 물안개가 차분하게 피어오르는 수면 위에 늪 주변 나무들이 반영
돼 몽환적인 분위기가 연출된다. 태고적 신비를 간직한 우포늪에서는 사람도 자연이 되고
생태계의 일부가 된다. 차분하고 서정적인 느낌을 살리는 것이 중요하다.

우 포 늪 아 는 사 람 들 이 많아진 듯하다.
2008년 람사르총회가 창원에서 열릴 때 공식탐방지로서 이래저래 소개가 많이
된 덕분이다. 최근 환경, 생태 등이 화두가 되며 주목받은 덕도 있다. 이전에는
사진작가나 동호인들이 사진 찍으러 많이 왔다. 2011년에는 우포늪이 문화체육
관광부가 선정한 한국 관광 으뜸명소에도 이름을 올렸다. 우포늪은 이전과 달리
구경하기 편하게 잘 단장됐다. 산책로도 있고 늪에 관한 정보를 소개하는 생태관
도 들어섰다.

우포늪 하면 여름을 떠올린다. 온갖 생명의 활동력이 가장 왕성한 이 때 풍경이
아름다운 것은 맞다. 하지만 봄의 우포늪도 괜찮다. 생동감이 넘친다. 5월이면 버
드나무의 연둣빛 이파리가 진해지고 풍성해진다. 개구리밥·매자기·생이가래·
가시연꽃·자라풀 등이 번식을 위해 점점 세를 넓혀간다. 쇠물닭과 논병아리 등 텃
새와 여름철새들은 번식 준비로 분주하다. 쌉쌀한 늪의 냄새도 무르익어간다.

"그냥 보면 싹이 나고 나뭇잎이 자라는 것이지만 긴 겨울, 추위와 바람을 견디
며 이 순간을 기다렸을 자연을 생각하면 감회가 새로울 수밖에 없지요. 이 순간이
그들에겐 환희의 순간이고 절정의 순간이니까요."

우포늪 생태관 노용호 박사의 설명이다. 감정이입하고 나면 늪이 좀 다르게 보
인다. 신록처럼 몸이 싱싱해진다. 노박사는 싹이 나는 모양 등을 주제로 직접 고
안했다는 '생태춤'을 보여줬다. '이곳에선 사람도 생태의 일부'라는 생각에서 만
들었단다. 따라하다 보면 마음까지 즐거워진다.

늪이라고 해서 우습게 볼 게 아니다. 규모가 상당하다. 우포늪은 우포(소벌), 목
포(나무벌), 사지포(모래벌), 쪽지벌로 이뤄졌다. 우포가 가장 넓은데, 어쨌든 이 4곳
을 통칭해 그냥 우포늪이라 한다. 그런데 이것들 다 합치면 축구장 210개와 맞먹는
넓이다.

그럼 이 광대한 늪은 어떻게 생겼을까. 늪에서 가까운 곳에 낙동강이 흐른다.
멋 옛날 낙동강이 자주 범람했다. 이 때 바닷물과 함께 밀려든 토사가 제방을 이
루며 습지가 만들어졌다. 우포늪이다. 생성시기를 두고는 의견이 분분하다. 1억

이른 아침 주매제방에서 바라본 우포

4000만년 전에 생겼다는 주장과 6000만년 전에 만들어졌다는 주장이 있지만 어느 것이 맞는지는 모른다.

우포늪은 사진작가나 동호인들의 출사지로 먼저 입소문을 탔다. 이들은 지금도 많다. 장대나룻배 때문이다. 늪 주변 마을 주민들이 어망을 걷기 위해 늪으로 나갈 때 이 배를 이용한다. 천연한 자연을 배경으로 장대나룻배가 물안개를 가르며 나아가는 풍경은 카메라 든 이들이 우포에서 꼭 찍고 싶어 하는 것 중 하나다. 여행자들에겐 꼭 보고 싶은 풍경이다. 분위기가 아주 서정적이다. 이른 아침이나 해넘이가 시작 될 무렵 주매제방이나 목포제방에서 보면 장대나룻배가 지나는 풍경이 더 운치가 있다. 이 풍경을 보고 나면 우포는 사람이 있어 더 아름답다는 말을 실감한다.

장대나룻배가 보고 싶다면 우포와 목포 사이 소목마을 주변이 적당하다. 우포늪을 터전 삼아 생활하는 어부들이 8명 있는데, 대부분 이 마을에 산다. 원래 어부들은 더 많았다. 그런데 1997년에 우포늪이 생태계특별보호구역으로 지정되고 이듬해 국제람사르협약의 보호 습지로 등록되면서 대를 이어 물고기를 잡던 15명에게만 고기잡이 허가권이 주어졌다. 이들 가운데 일부가 세상을 떴다. 허가권은 대를 이어 승계가 안 된다. 나머지 어부들이 세상을 뜨고 나면 장대나룻배도 사라질지 모를 일이다.

소목마을 앞 장대나룻배

늪을 돌아보는 가장 좋은 방법은 걷는 것이다. 늪을 에두르는 약 8.7km 길이의 우포늪 생명길이 2010년 개통됐다. 걷기 여행 붐을 타고 이곳을 찾는 이들이 많다. 길은 우포늪생태관, 우포늪 전체를 조망할 수 있는 전망대, 원시의 느낌이 물씬 풍기는 사초군락지, 피톤치드 가득한 숲 탐방로를 지난다. 약 3~4시간 코스다. 따오기 복원센터 앞에서 바라보는 사초군락지 앞 버드나무 풍경이 아주 예쁘다. 사초군락지 지나면 개울을 가로지르는 돌다리도 있다. 우포늪에서 가장 규모가 큰 대대제방에서는 우포늪이 한 눈에 보인다. 걸어보면 우포늪 속살을 제대로 느낄 수 있다. 자전거 코스도 만들어 뒀는데, 걷기 부담스러우면 이를 이용해도 괜찮다.

창녕에서 우포늪만으로 부족하다면 화왕산 기슭 관룡사와 용선대를 들려볼 일이다. 관룡사는 크지 않지만 가람이나 경내가 정갈하고 운치가 있다. 세월의 흔적을 오롯이 엿볼 수 있는 대웅전이나 약사전, 약사전 앞 삼층석탑이 눈길을 끈다. 절 앞 돌담장과 절 주변의 소나무 숲이 운치가 있다.

관룡사에서 용선대까지는 약 500m 거리다. 어른 걸음이라면 20분 안에 닿을 수 있다. 길은 경사가 조금 가파르지만 여성이나 아이들이 오르기에 무리가 없어 보인다. 용선대 가는 길은 숲이 좋다. 용선대는 깎아지른 암반 위에 돌부처상이 놓인 모습이 독특하다. 용선은 불가에서 고해의 바다를 헤치고 가는 반야용선을 뜻한다. 용선대 옆 바위에서 내려다보면 용선대는 이름처럼 암반이 배처럼 보인다. 이 앞에 석조석가여래좌상이 앉아 있다. 이 돌부처에 어느 순간부터 '타이타닉 부처'라는 별명이 붙었다. 바위와 부처가 영화 속 타이타닉호와 뱃머리에 서 있는 주인공의 모습을 연상시키기 때문이다. 돌부처는 722~731년 사이 제작된 것으로 알려졌다. 경주 불국사보다도 먼저 만들어졌다. 신록을 배경으로 속세를 내려다보듯 앉아 있는 돌부처가 든든하다.

여행메모

가는길 중부내륙고속도로 창녕IC를 이용한다. 국도 20호선 타고 합천 방면으로 가다 회룡에서 우회전하면 우포늪이다. 우포늪생태관 인근에 자전거 대여소가 있다. 창녕읍에서 국도 5호선 타고 신당리 방향, 신당 삼거리에서 좌회전해 1080번 지방도 타고 마산 방면, 옥천리에서 좌회전 해 화왕산 방향으로 가면 관룡사다.

맛집 우포늪에는 붕어요리를 하는 집들이 많다. 그 중 사지포 제방 들기 전에 있는 우포횟집(055-532-2088)은 붕어찜과 매운탕을 맛깔스럽게 낸다. 영산면 죽사리의 도리원(055-521-6116)은 대나무통밥과 오리훈제 등으로 유명하다. 해마다 가을이면 100여 종의 약초 장아찌를 판매한다.

잠잘곳 우포 소목마을 우포민박(055-532-9052)은 일대에서 유일한 민박집으로 식당도 겸하고 있다. 창녕읍에 모텔이 서너 군데 있다. 하지만 가족단위 여행객이 묵기에는 부곡면의 부곡온천관광단지가 낫다. 호텔, 콘도, 음식점이 모여 있다. 깨끗한 모텔도 많다. 창녕읍내에서 20~30분 거리다.

볼거리 창녕군은 창녕박물관과 만옥정공원, 창녕석빙고, 우포늪을 둘러보고 부곡온천에서 온천체험을 하는 무료체험 버스투어를 매주 토·일요일 중 1일 운영한다. 홈페이지를 통해 신청하면 된다.

#10
하동

주소 경남 하동군 화개면 운수리 208(쌍계사)
여행적기 4월 초~11월 초
주변 여행지 화개장터 · 하동송림 · 최참판댁 · 고소산성 · 청매실농원 · 화엄사(구례) · 청학동
문의 하동군 문화관광과(055-880-2363)

차향(茶香) 타고
애틋한 봄 흐르는 그 곳

봄이면 섬진강 타고 흐르는 차향(茶香)이 웅숭깊다. 향기는 거죽을 파고들어 폐부 깊은 곳까지 스며들 듯 강렬하다. 매화 진 자리, 벚꽃 진 자리는 그래서 더 아쉽지 않았나 보다. 그 날, 섬진강 어귀에, 평사리 악양들판에 볕이 따스했다. 천년고찰 쌍계사 풍경소리는 첫 키스의 귓전 치던 영롱한 종소리와 닮아 있었다. 겨우내 애타도록 보고팠던 봄은 차향 타고, 섬진강 따라 그렇게 늘 온다.

# #

카메라 캐논 EOS 20D
렌즈 캐논 70~200mm
감도(ISO) 100
셔터스피드 1/640
조리개 F 10
촬영장소 섬진강(하동읍)
촬영팁 수면은 아주 조용하고 부드러웠다. 바람이 살랑거리고 이내 고운 표면에 물결이 인다. 문득 생각나는 것은 번들거리는 이마를 시나브로 덮는 주름. 하지만 풍경은, 오후 볕이 들자 쓸쓸하지도, 먹먹하지도 않았다. 사람을 보듬고 속세와 무관하게 정도를 지키며 잘 흘러온, 평온하고 은근히 기운 넘치는 섬진강의 주름을 이날 봤다.

 춤을 추고 떠난 자리,
이번에는 초록융단이 깔렸다. 달콤한 꽃향기 대신 웅숭깊은 차향이 섬진강을 따라
맴돈다. 봄이 오면 하동 화개골에는 찻잎 따는 촌부들의 손놀림이 분주하다.

차향을 좇는 출발점은 화개골이다. 하동은 잘 알려진 대로 우리나라에서 가장 먼
저 차를 재배한 곳이다. 신라 흥덕왕 때 김대렴이 당나라에서 차나무 씨를 가져와
왕명으로 화개골에 심었다. 화개장터에서 쌍계사 가는 화개골 중간 석문마을에 차
시배지가 있다. 산책로가 잘 갖춰져 있다. 이곳을 중심으로 재배된 화개골 차는 고
려시대, 조선시대 조정에 진상되며 최고의 차로 명성을 얻었다. 화개골 차를 두고
추사 김정희는 "중국 최고 차인 승설차보다 낫다"고 했고 차의 성인으로 불리는 초
의선사는 "신선 같은 풍모와 고결한 자태는 그 종자부터가 다르다"고 극찬했다.

하동의 차 재배면적은 전국의 25%를 차지한다. 재배농가는 전국 35%다. 하지
만 하동에서 생산되는 차는 전국 생산량의 13%에 불과하다. 대부분이 손으로 직
접 따고, 덖는 수제차이기 때문이다. 이러니 대량생산이 힘들다. 그만큼 정성이
들어 있다. 하동 차의 절반 이상이 화개면에서 나고, 화개면의 차 대부분이 화개
골에서 생산된다. 골짜기 따라 늘어선 차밭에서는 부지런히 찻잎을 다듬고, 따는
촌부들을 만나게 된다. 이들은 손톱만한 찻잎을 절대 함부로 다루지 않는다. 종
일 허리를 굽히고 제 몸 낮춰 조심스레 찻잎을 딴다. 이들의 어머니가 그랬고, 그
어머니의 어머니가 그랬을 터다. 사는 동안 몸 낮추는 일에 익숙한 이들에게서 자
연에 대한 겸손과 삶의 인내를 배운다. 차 따는 이의 정갈한 마음은 화개골 차맛
을 으뜸으로 만드는 비결일 터다. 화개골 차 맛이 일품인 이유 하나 더. 화개천과
섬진강이 만나면서 생기는 안개가 햇빛과 습도를 조절한다. 심한 일교차와 물이
잘 빠지는 토질도 깊은 차 맛을 내는 데 한몫을 한다.

차를 널리 보급한 이는 신라후기 고승인 진감선사다. 그는 쌍계사가 있던 옛
터에 다시 가람을 짓고 주변에 차를 보급했다. 쌍계사에는 찻잎처럼 싱그러운 봄
볕이 완연하다. 잠시 쉬어가도 좋을 곳이다. 특히 팔상전 오르는 길은 대웅전 가
는 길보다 호젓하다. 금당에서 바라보는 풍경이 좋다. 대웅전 오르기 전 마당에

쌍계사 구층석탑에 걸린 풍경

는 국보인 진감선사대공탑비가 있다.

이곳에서 차로 약 20분 거리에 있는 칠불사도 들려볼 일이다. '차의 성인'으로 불리는 조선의 초의선사가 이곳에 머물며 하동의 차를 토대로 《초의다신전》을 저술했다. 칠불사는 가락국 김수로왕의 일곱 왕자가 성불했다는 전설이 깃든 곳으로 특히 벽안당의 '亞'자 형태의 방은 세계건축대사전에 기록되어 있을 정도로 유명하다.

느긋하게 차를 음미하고 싶다면 쌍계사 입구 근처에 있는 차문화센터를 추천한다. 다도를 배우고 차를 시음할 수 있다. 차에 관한 정보와 각종 자료가 일목요

봄볕 고운 평사리 악양들판

연하게 전시돼 있다.

차시배지와 함께 하동 차의 역사와 문화를 보여주는 것이 정금리 도심마을의 '천년 차나무'다. 도심다원 꼭대기에 위치한 '천년 차나무'는 높이 420cm, 둘레 57cm로 크지 않지만 추정되는 수령이 무려 800년 이상으로 우리나라에서 가장 오래됐다. 2006년 이 차나무의 찻잎으로 만든 우전차가 100g에 1300만원에 거래되어 화제가 됐다.

화개골의 큰 다원들 중에는 나무 데크로 산책로를 잘 갖춰 놓은 곳이 많다. 둘러보는 데 큰 제약이 없다. 차밭 풍경은 전남 보성의 가지런한 차밭과 조금 다른 모양새다. 오히려 정리되지 않은 듯 자라는 야생의 차나무들이 싱싱해 보인다.

화개골로 드는 길목에 화개장터가 있다. 화개장터의 옛 정취는 많이 사라졌다. 김동리의 소설《역마》속 등장인물들의 얽히고설킨 삶도 화개골 화전민, 남도 보부상들의 흔적도 찾을 수 없는 것이 아쉽다. 이제는 오일장이 아니라 상설장으로 변해 언제 가더라도 장터를 구경할 수 있다.

하동에서는 소설《토지》의 무대로 유명한 악양 들판으로 가면 봄이 오는 것을 실감하게 된다. 바둑판처럼 구획이 나눠진 들판에 초록색 보리가 올라오는 모양이 장관이다. 5월이 되면 초록색 보리밭에 분홍빛 자운영이 지천으로 핀다.

들판 앞 형제봉에 있는 고소산성에 오르면 악양 들판과 들판 옆으로 유유히 흐르는 섬진강을 한눈에 조망할 수 있다. 산 중턱에 있는 한산사 주차장에서 고소성까지 걸어서 약 30분 거리. 하지만 경사가 급해 만만하게 볼 일은 아니다. 고소성은 삼국시대 신라가 백제의 침입을 막기 위해 쌓은 산성이다. 성곽은 남쪽으로 섬진강에 닿고 북쪽으로는 주봉인 성제봉까지 뻗어있다. 성곽을 따라 돌며 트래킹을 해도 좋다.

고소성에서 꼭 봐야 할 풍경이 있다. 해가 지는 섬진강이다. 섬진강의 옛 이름은 '모래가람' '다사강'이다. 고운 모래가 많다고 해 붙은 이름이다. 섬진강이 석양을 받아 금빛으로 빛나고 지리산 능선들의 검은 실루엣이 여백을 메운다. 풍경이 따뜻하다. 섬진강을 타고 봄이 왔다.

여행메모

가는길 경부고속도로 → 천안논산고속도로 → 호남고속도로 익산 분기점 → 익산포항고속도로 → 완주 분기점 → 순천완주고속도로 → 구례IC → 19번 국도 → 화개면이 가장 빠르다. 대전통영고속도로와 남해고속도로를 이용, 하동IC로 나와 19번 국도를 타고 하동읍 지나 구례 방면으로 북상하는 것도 방법이다.

맛집 동백식당(055-883-2439)은 섬진강 별미인 참게와 은어요리를 잘 하는 곳으로 입소문 타는 곳이다. 특히 섬진강에서 잡은 참게를 이용한 참게매운탕과 참게장이 맛있다. 칠불암 입구 관향다원(055-883-2538)은 화개골을 찾는 사람들이 꼭 들러보는 다원이다. 한지와 수묵화로 꾸며진 다실이 예쁘고 차맛도 좋다.

잠잘곳 미리내호텔(055-884-7292)은 섬진강변에 있어 전망이 좋다. 칠불암 입구 아름다운 산골(055-883-7601)은 객실 안에 황토찜질방을 갖춘 황토펜션이다. 미리 전화하면 도착시간에 맞춰 군불을 때 준다. 가족이나 단체가 숙박하기 좋다. 화개에서 쌍계사에 이르는 길에도 펜션과 민박이 많다. 화개장터에서 5분 거리에 있는 수류화개(055-882-7706)는 지리산 자락에 위치한 전통 한옥펜션이다. 고궁(055-884-5100)은 하동 읍내에서 시설이 가장 깨끗한 모텔로 꼽힌다.

볼거리 악양면 평사리에는 《토지》의 주인공 최참판댁을 재현한 테마파크가 있다. 하동읍에 있는 하동송림은 우리나라에서 몇 손가락 안에 드는 솔숲이다. 송림 앞은 또 재첩잡기 체험을 할 수 있는 곳이다.

#11

흑산도

주소 전남 신안군 흑산면 예리
여행적기 5월 중순~10월 말
주변 여행지 흑산도 일주도로 · 사리해변 · 지도바위 · 반월성 · 홍도
문의 흑산면사무소(061-275-9300), 신안군 문화관광과(061-240-8356)

애타도록 보고픈
그리운 섬

애타도록 보고픈 머나먼 그 서울을 그리다 검게 타버린 검게 타버린 흑산도 아가씨… 가수 이미자의 히트곡 〈흑산도 아가씨〉다. 흑산도 아가씨는 섬 생활을 귀향살이에 비유하며 서울을 동경한다. 그런데 시간 흘러 요즘은 반대가 됐다. 도시인들이 망망대해에 떠 있는 이 섬을 그리워한다. 바람이 어깨를 툭 치고 지나며 일상의 고단함을 위로할 것 같은 흑산도 말이다. 그 섬에 섰다.

**카메라** 니콘 D3 **렌즈** 니콘 24–70mm **감도(ISO)** 400 **셔터스피드** 1/125 **조리개** F9 **촬영장소** 흑산도 상라봉 **촬영팁** 해질 무렵 상라봉에 올랐을 때 풍경이다. 부드러운 볕을 받은 대장도, 소장도의 자태가 신비스럽다. 멀리 홍도가 이마를 살짝 드러냈다. 이 모습, 애타도록 보고픈 머나먼 그 섬이란 말을 실감하게 했다. 역광을 살짝 피하고 V자형 능선을 이용해 시선을 섬 쪽으로 유도했다.

흑산도는 목포에서 서남쪽으로 약 93km 떨어져 있다. 페리를 타고 약 2시간을 달려야 닿는다. 멀리서 보면 산과 바다가 검어 보인다고 흑산도라 이름 붙었다. 아득히 먼 이름 같지만 따져보면 흑산도는 꽤 친숙하다. 미식가에게 흑산도는 홍어의 본향이자 실한 전복의 생산지로, 중장년층에겐 '엘레지의 여왕' 국민가수 이미자의 히트곡 〈흑산도 아가씨〉의 배경무대로 자리매김하고 있다. 손암 정약전 선생의 유배지이자 그 유명한 어류학총서인 《자산어보》의 집필 장소가 또한 흑산도요, 구한말 대유학자이자 강화도조약에 반대하는 상소를 올린 면암 최익현 선생 역시 이곳에서 유배생활을 했다. 이들의 흔적과 향수를 자극하는 풍경들이 섬 곳곳에 오롯이 남아 있다.

흑산도는 섬 안에서 바라보는 풍경이 아름답다. 해안일주도로를 따라 도는 것이 흑산도를 손쉽게 구경할 수 있는 방법이다. 섬을 일주하는 데는 차로 약 1시간

흑산도 상라봉을 넘어가는 고갯길(왼쪽), 칠형제 바위가 에두른 사리마을 포구의 아침 풍경(오른쪽)

정도 걸린다. 섬을 도는 방향은 상관없다. 하지만 여객선터미널이 있는 예리항(흑산도항)을 기준으로 시계방향으로 일주할 것을 추천한다. 일몰 시간에 맞춰 상라산 전망대에 도착하기 위해서다.

상라산은 흑산도 북쪽에 있는 해발 230m의 야트막한 산인데, 이곳에서 바라보는 일몰을 흑산도 최고 비경으로 꼽는다. 대장도·소장도·홍도를 배경으로 한 해넘이가 장관이다. 또 예리항과 산 아래에서 전망대 주차장까지 이어진 열두 굽이 고갯길도 한 눈에 조망할 수 있다. 주차장에서 걸어서 10여 분이면 정상에 닿는다.

해안일주도로 주변에는 아기자기한 볼거리가 많다. 청촌마을에는 구문여 바위가 있다. 바위섬 한 가운데 구멍이 뚫어져 있는데, 파도가 칠 때 구멍 사이로 물줄기가 뿜어져 나오는 모습이 장관이다. 꼭대기에는 푸릇하게 나무들이 자라고 있어 바위 모습이 마치 여인의 음부처럼 보인다. 또 천촌마을에서는 지장암이라는

바위가 있는데, 면암 최익현 선생이 손수 바위에 새긴 글씨를 볼 수 있다. 우리나라가 독립국임을 강조하는 내용이다. 소사마을에는 백사장 길이가 100m도 안 되는 샛개해수욕장이 있다. 모래가 곱고 분위기가 호젓하다. 흑산도 해수욕장 가운데 물이 가장 깨끗하단다.

사리마을의 포구는 한가로운 어촌풍경을 실감할 수 있는 곳이다. 7개의 바위(칠형제바위)로 둘러싸인 천혜의 포구에 수많은 어선들이 정박해 있는 모습이 서정적이다. 마을이 예쁘다. 가옥을 둘러싼 돌담이 정겹고 초등학교 운동장에서 미역을 말리는 촌부들의 모습이 정겹다. 이 마을에는 정약전 선생이 후학을 양성했던 사촌서당이 있다. 초가건물보다 툇마루에서 바라보는 풍경이 더 멋지다. 서당 옆에 작은 천주교 공소가 있는데, 겉모습이 운치가 있다. 아쉽게도 문이 잠겨 있어 안으로 들어갈 순 없다. 비리마을에는 한반도 모습으로 구멍이 뚫린 지도바위가 있다. 비리마을 해변에 있는 옥섬은 옛날 마을에서 죄를 지은 사람들을 가둬두던 감옥섬이었단다.

홍도는 흑산도에서 서남쪽으로 약 22km 떨어져 있다. 배로 약 30분 거리다. 홍도는 섬 전체가 천연기념물로 지정돼 있다. 풍란, 동백나무, 후박나무 등 수많은 희귀식물이 자란다. 흑산도와 달리 홍도는 바다에서 바라보는 섬 풍경이 아름답다. 그래서 홍도에선 유람선을 타는 것이 필수다.

유람선을 타고 홍도 33경을 구경한다. 바람과 파도가 만들어낸 독특한 형상의 붉은 기암괴석들이 장관이다. 도승바위, 남문바위, 병풍바위, 탕건바위, 심금리굴, 흔들바위, 칼바위, 원숭이바위, 주전자바위, 코카콜라바위 등의 이름도 재미가 있다.

홍도는 1구마을과 2구마을로 나눠져 있다. 대부분 관광객은 1구마을에 머물게 된다. 과거에는 섬의 최고봉인 깃대봉을 넘어 두 마을 왕래가 가능했지만 요즘은 자연보호를 이유로 길이 끊겼다. 요즘은 바닷길만이 유일하게 두 마을을 이어주는 길이다. 하지만 정기 배편이 없어 들어가기가 어렵다. 모텔과 유흥시설이 밀집한 1구마을이 도심의 느낌이라면 약 30여 가구가 사는 2구마을은 그야말로 한적한 어촌이다. 2구마을에는 우리나라에서 가장 아름다운 등대 중 하나로 꼽히는 홍도 등대가 있다.

여행메모

가는길 목포여객선터미널에서 흑산도까지 오전 7시50분, 오후 1시, 하루 2회 페리가 출발한다. 흑산도에 들른 배가 홍도까지 간다. 홍도 도착시간은 오전 10시20분, 오후 3시30분이다. 도착한 배가 바로 출발한다. 남해고속(061-244-9915), 동양고속(061-243-2111) 흑산도 일주를 위해서는 지프형 택시나 마을버스를 이용해야 한다. 렌터카는 없다. 시내버스는 1시간 간격으로 섬을 돈다. 섬을 일주하는 데 약 1시간 정도 걸린다. 홍도 유람선(061-275-9115)은 오전 8시, 오후 1시, 오후 5시에 출발한다. 단체 30명 이상일 경우 수시로 유람선이 뜬다.

맛집 흑산도의 식당은 예리항 주변에 몰려 있다. 흑산도의 자랑 홍어를 전문으로 파는 식당은 20여 곳쯤 된다. 15번지홍어(061-275-5033)는 경매인이 운영하는 식당이다. 흑산도는 삭히지 않은 싱싱한 홍어를 회로 먹는다.

잠잘곳 흑산비치호텔(061-246-0090)은 흑산도에서 가장 크고 깨끗한 숙소다. 예리항 인근에 있다. 투숙하면 석식과 조식을 준다. 홍도에는 홍도1구 마을에 민박집이 많다.

여름

summer

#12

산소길

주소 강원도 화천군 화천읍 아리 239(화천군청)
여행적기 봄～가을
주변 여행지 파로호 · 평화의댐 · 비수구미마을 · 꺼먹다리 · 용담계곡 · 산천어축제
문의 화천군청 문화관광과(033-440-2543)

100리 산소길에서 떠난 구름 위의 산책

장맛비가 그친 북한강. 자욱한 물안개가 강물을 타고 흐른다. 싱그러운 풀냄새를 뒤로 하고 물안개 속으로 들어선다. 수채화 같던 북한강변의 풍경은 사라지고, 구름 속에 잠긴 한 폭의 수묵화가 길을 연다. 자전거 페달에 발을 올린다. 바퀴 아래서 찰랑거리는 물소리가 이곳이 물 위라는 것을 전해준다. 힘차게 페달을 밟는다. 바람소리 물소리 벗 삼아 떠나는 구름 위 산책이 시작된다.

카메라 니콘 D3 **렌즈** 80~200mm **감도(ISO)** 250 **셔터스피드** 1/125 **조리개** F8 **촬영 장소** 산소길 수상부교 **촬영팁** 수상부교는 비 오는 날이면 건널 수 없도록 묶어두는 경우가 종종 있다. 하지만 비가 예보된 흐린 날 찾아야 북한강을 가득 메운 물안개 속을 달리는 라이더들을 담을 수 있다. 망원렌즈를 이용해 수상부교 위를 지나는 라이더와 주변 풍경을 압축해서 찍는 게 요령이다.

화 천 에 가 면 이 름 만 들 어 도 청명하고
상쾌한 길이 있다. 파로호 100리 산소(O2)길. 말 그대로 굽이굽이 휘도는 북한강
위에 조붓이 길을 낸 42km에 이르는 자전거길이다. 이 길은 표정이 다양하다. 원
시림을 관통해 가는 숲속길과 북한강 위로 지나가는 수상길, 물안개와 저녁노을
을 감상할 수 있는 수변길, 연꽃길, 야생화길 등 볼거리가 넘쳐난다. 숲속길은 포
장되지 않은 산길로 난이도가 높다. 수상길은 강 위로 자전거가 지나가 북한강의
정취를 한껏 느낄 수 있어 좋다.

산소길은 화천읍 붕어섬 입구에 있는 관광 전시관이 들머리다. 직접 자전거를
가지고 와도 되지만 신분증과 5000원을 내면 최신형 자전거와 안전모를 빌려준
다. 5000원은 반납할 때 화천사랑 상품권(지역에서 사용가능)으로 돌려주니 무료
나 다름없다.

전시관을 나와 북쪽으로 방향을 잡았다. 본격적인 자전거 여행이 시작된다. 궂
은 날씨에 북한강은 물안개가 자욱하다. 강변풍경은 한 폭의 수묵화를 보는 듯 몽
환적이다. 열심히 자전거 페달을 밟은지 20여 분 만에 미륵바위를 만났다. 미륵
을 닮은 모습은 어디에도 없는 작은 바위가 여러 개 있을 뿐이지만 전설은 그럴
듯하다. 조선 말 이곳 마을에 살던 가난한 선비가 바위 앞에서 정성을 들여 기원
한 후에 장원급제를 했다는 것이다. 그래서일까. 입시철에는 이 바위가 절을 많
이 받는다고 한다.

길은 꺼먹다리로 이어진다. 산소길이 나면서 통행금지가 풀린 곳이다. 1945년
건설된 꺼먹다리는 나무로 만든 상판에 검은색 타르를 칠해 이름이 붙여졌다.
6·25전쟁 당시 격전지 중심에 있었기에 남북 분단의 아픔을 간직한 상징물이다.
교각에는 전쟁 당시 포탄과 총알에 의한 흔적이 남아 있다. 《전우》등 주요 전쟁
드라마와 영화의 배경으로 자주 등장했다.

꺼먹다리를 지나면 정겨운 이름의 '딴산'이란 곳에 닿는다. 장엄하게 쏟아지는
인공폭포가 있는 이곳은 여름철 물놀이장으로 인기만점이다. 잠시 다리품을 쉬
어갈 만하다. 딴산은 물가에 자리 잡은 작은 동산으로 섬처럼 두둥실 떠 있는 모

산소길의 백미인 강상길

안개에 덮인 꺼먹다리

습이 인상적이다. 설악산 울산바위와 마찬가지로 금강산으로 가다가 길을 잘못
들어 이곳에 눌러앉았다는 이야기가 전해진다.

따산에서 북한강 상류로 더 가면 어마어마한 시멘트 덩어리가 앞을 가로막는
다. 화천댐이다. 이 댐이 품고 있는 물이 '산속의 바다'라 불리는 파로호다.

화천댐을 뒤로하고 발길을 돌리면 '이구가 고개'라는 푯말이 보인다. 언덕 경사
가 너무 심해 자전거를 타고 가지 못하고 머리에 이고(이구) 가야 되기에 붙여진
재미난 이름이다. 이 고개를 지나면 드디어 산소길의 백미인 수상길에 들어선다.
일명 '강상(江上)길'로 불리는 이 길은 길이 1km, 폭 2.5m로 북한강 물 위에 만들
어진 부교다.

수상길은 자전거 바퀴가 돌 때마다 찰랑거리는 물의 흔들림이 묘한 매력을 전
해준다. 물안개 깔린 북한강을 달리는 기분은 상상을 초월하는 짜릿함을 안겨 준
다. 물빛에 취하고 바람에 취해 페달을 밟다 보면 북한강을 이토록 아름답게 담을
수 있는 길이 또 있을까 싶다.

수상길을 지나 원시림 숲속을 빠져나오면 연꽃단지인 서오지리다. 수련이 지고 백련과 홍련이 살포시 꽃을 피우기 시작했다. 연꽃향에 취해 길을 재촉하면 동구래 마을의 야생화가 반긴다. 어느새 출발지인 붕어섬이 저 멀리 보인다. 자전거여행이 힘들 만도 하지만 온몸은 기운이 펄펄 난다. 산소가 충만하다.

화천에는 산소길만 있는 것은 아니다. 지난 4월에 취항한 물빛누리호가 파로호 물길을 연다. 구만리 선착장에서 배를 타면 수달연구센터를 거쳐 지둔지, 법성치, 비수구미, 평화의 댐으로 이어지는 24km 물길여행을 할 수 있다. 잔잔한 물결 위로 작은 섬들의 반영이 드리운 파로호는 고즈넉하고 평온한 풍경을 자아낸다.

하늘빛이 무겁게 내려앉은 파로호에서 출발을 알리는 물빛누리호의 엔진이 용트림을 한다. 구만리 물길을 벗어난 물빛누리호의 뱃전에서는 녹음이 짙어진 일산(해 뜨는 산)과 월명봉이 펼치는 절경에 탄성이 절로 난다. 한 시간을 넘게 파로호를 달리던 물빛누리호가 거대한 돌벽을 마주하곤 엔진소리를 재운다. 평화의 댐이다. 북한의 임남댐 붕괴 시 일어날 수 있는 수해를 막기 위해 건설된 댐이다. 댐 아래에는 '세계평화의 종 공원'이 있다. 공원에는 지구상의 모든 분쟁국가에서 보낸 탄피로 만든 평화의 종이 파로호의 푸른 물결을 내려다보고 있다.

여행메모

가는길 경춘고속도로 춘천IC로 나와 춘천 시내를 통과해 5번 국도와 407번 지방도를 따라 가면 화천읍이다.

맛집 파로호 가는 길목인 간동면에 있는 화천어죽탕(033-442-5544)은 잡어를 갈아 야채와 끓여 내는데 담백하고 깊은 맛을 풍긴다. 화가인 주인장이 다양한 소품으로 꾸민 식당도 볼거리다. 대이리의 콩사랑(033-442-2114)은 콩요리 정식, 모둠보쌈 등을 맛깔스럽게 내놓는다.

볼거리 화천의 여름은 계곡을 빼놓을 수 없다. 기암괴석과 빼어난 절경을 이룬 만산동계곡은 가족 나들이 장소로 좋다. 겨울 산천어축제장으로 활용되는 산천어밸리는 여름이면 야영장으로 변신한다. 계곡 상류에는 금강산에서 날아왔다는 비래바위가 눈길을 끈다. 화악산에서 시작해 춘천호로 흘러드는 용담계곡도 깊고 아름답다.

#13

미천골

주소 강원 양양군 서면 황이리 산89(미천골자연휴양림)
여행적기 5월 중순~10월 말
주변 여행지 송천 떡마을 · 구룡령 옛길 · 조침령 · 점봉산 곰배령 · 낙산해수욕장 · 허이대
문의 미천골자연휴양림(033-673-1806), 양양군 문화관광과(033-670-2254)

초록의 벅찬 기운이
몸에, 마음에 차오른다

초록의 기운으로 가득한 여름의 숲을 걷는다. 우람하게 치솟은 전나무와 붉은 둥치의 금강소나무, 풀섶의 들꽃과 야생의 열매들이 가득한 원시림의 숲길. 숲이 거느린 짙은 계곡 안쪽에는 촉촉한 이끼 사이로 수정처럼 맑은 물이 쏟아지는 서늘한 폭포가 곳곳에 숨어 있다. 그 길을 걷노라면 온 몸에 자연의 차갑고 맑은 초록빛이 천천히 차올라 한발 한발 내딛을 때마다 귓속에서 찰랑거리는 소리가 들릴 것만 같다.

# #

카메라 니콘 D3
렌즈 24~70mm
감도(ISO) 200
셔터 스피드 10초
조리개 F 10
촬영장소 불바라기약수 옆 폭포
촬영팁 폭포의 물줄기를 표현하려면 흐린 날이나 이른 아침에 삼각대를 이용해 장시간 노출을 줘야 한다. 바위가 무채색이라 밋밋하다면 나뭇잎의 밝은 초록빛으로 색감을 주는 게 요령. 느린 셔터스피드로 나뭇잎이 흔들리는 모습을 넣으면 느낌이 색다르다.

　　　　　　　설 악 산 국 립 공 원 과　오대산국립공원의 딱 중
간쯤인 강원 양양군 서림면 황산리의 미천골. 홍천군 내면 명계리에서 구룡령 고
갯길을 넘고 양양 땅에 접어들어 설악과 오대를 잇는 응복산(1360m) 북쪽 자락의
원시림을 파고들어 오르는 계곡이다. 1000년 더 지난 세월 저 편에서 당대의 수
도승이 모이던 도량이었다는 선림원지를 지나고, 자연휴양림을 관통해 차단기를
넘어서 불바라기약수까지 가닿는 길이다.

　사실 미천골은 길고 긴 비포장 흙길의 임도를 그대로 둔 채 산막과 통나무집을
앉혀놓아 휴양림의 자연미만으로도 빼어나게 아름다운 곳이다. 야영장을 들이고,
곳곳에 편의시설을 설치했음에도 자연을 흐트러뜨리지 않았다. 호젓한 휴양림을
걷는 발걸음이 바람에 흔들리는 나뭇가지와 절로 박자를 맞추고, 계곡의 물가에서
물방울을 튀기는 아이들의 까르르 웃음소리가 계곡의 청아한 물소리와 섞여 흘러
가는 곳. 그 곳에서는 어느 것 하나 모자라거나 넘치지 않고, 어긋나지 않는다.

　강원도 양양이라면 대번에 바다부터 떠올리게 되지만, 백두대간으로 경계를
이룬 양양의 서쪽은 산이 깊고, 숲이 짙다. 홍천과 인제를 끼고 있는 양양의 서쪽
은 때묻지 않은 자연이 고스란히 남아 있는 곳이다. 홍천과 양양은 구룡령이, 인
제와 양양은 한계령과 조침령이 구불구불 고산준령을 넘어가며 잇는다. 한계령
이야 일찌감치 관광객들의 발길로 다져져 너른 길이 난 곳. 그러나 외지인의 발길
이 뜸한 구룡령과 조침령은 펄떡펄떡 뛰는 날 것 그대로의 자연을 관통한다. 건장
한 숲을 지나고, 맑은 개울을 건너고 감자꽃이 흐드러진 산촌마을을 지난다.

　그렇게 홍천에서 굽이굽이 구룡령을 넘거나 조침령을 넘어 후천의 물길을 따
라가다 응복산의 깊은 계곡인 미천골로 들어선다. 미천골로 들면 먼저 '미천'이란
이름이 기원이 됐다는 선림원지를 들르는 것이 순서다. 지금은 덩그렇게 빈터만
남아 있지만, 계곡 초입에는 신라 법흥왕 때 순응법사가 세웠다는 선종계열의 기
도처인 선림원이 있었다.

　선림원은 한때 1000여 명이 넘는 승려들이 머물던 선종계열의 대찰이었다. 미
천(米川)이란 계곡의 이름도 절집에 어찌나 수도승들이 많았던지, 쌀 씻은 물이

10리를 흘렀다고 해서 붙여진 것이다. 그러나 이런 대찰이 대홍수와 산사태로 통째로 매몰되면서 폐사됐고, 1000년이 넘는 시간을 지나며 잊혀졌다. 화엄교종이 득세를 하던 신라시대만 해도 이단 취급을 받았던 선종의 구도를 위해 이렇듯 깊은 산중에서 새로운 세상을 꿈꾸며 용맹정진하던 승려들도 한순간에 산사태에 모두 묻혔으리라.

절집의 빈터에는 삼층석탑과 석등, 홍각선사탑비, 부도가 서 있다. 모두 일련번호로 매겨진 보물들이다. 그중 눈길을 끄는 것이 보물 444호로 지정된 3층 석

미천골자연휴양림에서 불바라기약수로 가는 길

미천골 원시림을 가르며 떨어지는 폭포

탑. 그중 형태가 온전할 뿐더러 전형적인 통일신라시대 양식이 온전하게 남아 있는 석탑은 팔부중상 문양의 섬세함과 균형감 있는 자태가 특히 빼어나다.

미천골 계곡에는 국립자연휴양림이 들어섰다. 사실 따지고 보면 미천골이 알려진 것도 휴양림이 지어지고 난 뒤부터다. 미천골휴양림은 경북 봉화의 청옥산휴양림과 함께 열광적인 마니아층을 거느리고 있는 휴양림으로 꼽힌다. 청옥산휴양림이 쭉쭉 뻗은 장쾌한 수림이 특징이라면, 미천골휴양림은 무려 8km에 이르는 수려한 계곡과 폭포, 극상림을 이룬 원시림의 정취가 빼어나다.

미천골휴양림은 짙은 숲도 좋지만, 계곡의 이쪽저쪽 골에서 맑은 물을 보태는 폭포들이 특히 아름답다. 휴양림 내의 임도를 따라 가다보면 도처에 폭포가 있다. 휴양림 안에 이름을 가진 폭포는 큰샘실폭포와 상직폭포, 두 곳. '큰샘실'이란 크고 작은 수많은 샘과 암벽 사이로 솟는 물이 실폭포를 이루고 이 실폭포가 하나의 큰 물줄기처럼 보인다고 해서 지어진 이름이다. 상직폭포는 높이가 무려 70m에 달해 비 내리는 날이면 우르릉거리며 쏟아지는 물줄기가 장관을 이루는 곳이다. 이곳 말고도 계곡 좌우의 골짜기에는 제법 큰 물줄기를 내리꽂는 폭포들이 도처에 비밀처럼 숨어 있다.

숲 그늘이 짙은 야영장에는 때 이른 캠핑족들이 텐트를 치고 숲과 계곡이 뿜어내는 정취를 만끽하고 있다. 더러는 숲길을 산책하고, 더러는 한낮 시린 계곡물에 발을 담그고 있다. 미천골휴양림은 매년 피서철로 접어들면 휴가객들로 넘쳐난다. 동해바다를 지척에 두고 있어, 바다와 계곡을 오가며 더위를 피할 수 있다는 절묘한 위치 덕에 매년 피서철이면 최고의 휴가지로 꼽히기 때문이다. 그러나 휴가시즌만 빗겨간다면 한적하고 고즈넉한 분위기를 만끽할 수 있다.

미천골에서는 굳이 계곡을 더 거슬러 오르지 않더라도, 휴양림 안에 머무는 것만으로 청정한 자연의 아름다움을 충분히 즐길 수 있다. 휴양림 계곡이 끼고 있는 숲길이 8km에 달하니 그 안에서 자연을 만끽하는 것으로도 부족함이 없다. 그럼에도 굳이 휴양림 계곡 끝에서 불바라기약수까지 4.8km의 임도 걷기를 권하는 까닭은, 그 길에서 휴양림에서와는 전혀 다른 풍경을 만날 수 있기 때문이다.

휴양림 안의 길에서 바라보는 풍경은 가깝고, 어디서나 쪼그려 앉으면 계곡의 맑은 물에 손을 담글 수 있다. 활엽수들이 울창해 초록색 그늘이 드리워진 길에서는 자연의 풍경이 아기자기하게 펼쳐진다. 그러나 휴양림을 지나고 차단기를 넘어 거친 비포장 임도로 들어서면서 길의 느낌이 전혀 달라진다. 여기서 불바라기약수까지 이어진 길에는 아기자기한 풍경 대신 '거대하고 깊은' 풍경이 기다리고 있다. 임도는 숲 그늘이 옅어서 시야가 탁 터진다. 그 길에서는 건너편 산자락의 웅장함과 그 능선에 치솟은 수목들이 한 눈에 들어온다. 부챗살처럼 가지를 편 침엽수들과 군데군데 서 있는 고사목들이 웅장하다. 고도를 높이는 임도를 따라가면 발아래는 까마득한 벼랑이고, 그 밑으로는 우당탕탕 계곡물이 굽이쳐 흘

러간다. 웅대한 자연 속으로 빨려 들어가는 느낌이다. 건너편의 능선이나 발아
래 계곡 모두 사람의 손이 닿지 않은 전인미답의 공간들이다. 설악산이며 오대산
국립공원 내의 짙은 원시림들이 '출입금지'로 청정한 모습을 갖추고 있다면, 이쪽
산과 계곡은 도무지 사람이 손을 댈래야 댈 수조차 없을 정도로 깊고 험해서 원시
상태 그대로 남겨진 것들이다.

　휴양림 끝의 차단기를 넘어 1시간 30분쯤 걸으면 불바라기약수 입구에 닿는
다. 임도에서 짙고 서늘한 계곡으로 내려서 물길을 따라 오르면 곧 비밀스럽게 감
춰진 두 개의 폭포가 나타난다. 오른쪽이 황룡폭포고, 왼쪽이 청룡폭포다. 폭포
는 공작처럼 화려하다. 이끼를 흘러내리는 물줄기가 부챗살처럼 퍼진다. 불바라
기약수는 청룡폭포 중턱의 바위틈에서 난다. 불바라기란 이름은 인근에 철이 많
이 나서 한때 산 아래 마을의 대장간이 불바다를 이뤘다고 해서 붙여진 것이라기

미천골에서 자라는 금강송의 자태

도 하고, 탄산성분이 강해서 입에 머금으면 불처럼 뜨거운 느낌이 든다고 해서 붙여진 이름이라는 얘기도 있다. 약수를 마셔보면 아마도 뒤의 이야기가 더 수긍이 가게 된다. 비릿한 쇠 냄새와 함께 알싸한 탄산이 입안에서 '싸아' 소리를 내며 뜨겁게 터진다.

가는길 수도권에서 미천골에 가려면 한계령과 구룡령. 조침령 중 한 곳을 넘어야 한다. 이즈음에는 구룡령이나 조침령 터널을 넘는 길이 더 운치가 넘친다. 홍천을 지나 오대산 북쪽 자락을 스쳐 구룡령을 넘어가는 길과 내린천 물길을 따라 새들도 자고 간다는 조침령(鳥枕嶺) 터널을 관통하는 길은 때묻지 않은 산골마을의 정취가 그대로 남아있다.

맛집 미천골에서 나와 양양으로 향하는 길에서 범부리 이정표를 보고 우회전해 들어가면 찾아갈 수 있는 범부막국수(033-671-0743)가 유명하다. 까끌까끌한 메밀면 특유의 질감과 감칠맛 나는 육수. 그리고 매콤새콤한 양념장까지 3박자를 두루 갖추고 있다. 양양읍의 막국수와 냉면을 내는 양양면옥(033-671-2505)도 알려진 곳이다. 가자미회를 썰어 넣은 새콤달콤한 회막국수로 유명하다. 맛고을메밀국수(033-673-1261)도 알아주는 곳이다. 칼칼한 황태국을 내는 감나무식당(033-672-3905)과 홍합장칼국수를 내는 도원촌(033-672-8957) 등도 알아주는 맛집이다. 해산물을 맛보려면 강릉쪽으로 내려가 주문진항의 활어회센터를 찾는 게 좋다.

잠잘곳 캠핑장비가 있다면 미천골휴양림의 야영장에 텐트를 치는 것이 최고다. 미천골휴양림의 숙소는 매월 초 인터넷으로 선착순 예약을 받는데, 본격 휴가시즌이 아니라면 평일에는 간혹 빈방이 나오기도 한다. 미천골휴양림은 다른 곳과는 달리 휴양림 안에 민간이 운영하는 펜션과 민박집이 여럿 있다. 불바라기산장(033-673-4589) 등의 펜션들은 가격이 다소 비싸긴 하지만 카페도 갖추고 있고, 내부시설도 오히려 휴양림보다 낫다. 휴양림에서 나와 56번 국도를 타고 양양쪽으로 1.5km쯤 내려가면 황룡마을이다. 마을에는 민박집들이 있고, 공동으로 운영하는 황토집(011-347-8767)도 운영하고 있다.

#14
비둘기낭폭포

주소 경기도 포천시 영북면 대회산리
여행적기 7월 중순~9월 중순
주변 여행지 산정호수 · 명성산 · 자인사 · 유식물원 · 평강식물원 · 한과박물관
문의 비둘기낭마을위원장(017-269-6483), 포천시 문화관광과(031-538-2068)

장마철만 열리는
이정표 없는 숨은 절경

평소 흠모해오던 것을 직접 만났을 때의 설렘과 기쁨은 말로 다 표현하기 어렵다. 흠모의 대상이 사람이 아니라 대자연이라 해도 감흥과 느낌이 더하면 더 했지 못하지는 않다. 전혀 기대치 않았던 것에서 불쑥 나타난 장관. 비둘기낭폭포가 그랬다. 깊은 숲에 숨겨진 폭포는 열대 정글의 그것처럼 은밀했다. 동화 《선녀와 나무꾼》의 무대가 될 법한 신비한 기운이 흘렀다. 그 모습을 보려고 1년을 꼬박 기다린 보람이 있었다. 당신도 기대해 보시라.

# #

카메라 니콘 D3

렌즈 니콘 24~70mm

감도(ISO) 200

셔터 스피드 20초

조리개 F11

촬영장소 비둘기낭폭포

촬영팁 폭포의 물줄기와 흘러내리는 폭포수를 표현하기 위해서는 느린 셔터 속도로 촬영해야 한다. 노출에 따라 달라지지만 최소 10초 이상은 줘야 한다. 폭포 촬영에서는 폭포 전체를 찍는 전경사진이냐, 아니면 일부를 찍는 부분사진이냐를 정하는 것이 중요하다.

　　　　장마철은 여행을 떠나기가 망설여진
다. 주야장창 내리는 빗속에서는 어느 여행지라도 제 모습을 보여주기 어렵다.
그래서 신문사 여행담당 기자에게는 장마철이 달갑지가 않다.

　하지만 비가 와야 제 모습을 보여주는 곳도 있다. 몇 해 전 지인에게서 소개받은
곳도 그런 곳이다. 지인은 "평소에는 조용하고 아늑해 여성의 기운이 느껴지다가
도 큰 비만 내렸다 하면 웅장하고 신비로운 기운이 진동하는 곳"이라고 그곳을 소
개했다. 그러나 그 해는 아쉽게 때를 놓쳤다. 다시 1년을 보내고, 다시 여름이 왔
다. 장마철이 시작됐다. 비로소 그 신비로운 곳을 찾아 나설 시간이 된 것이다.
며칠간 장맛비가 퍼붓기를 기다렸다가 그곳을 찾아 나섰다.

　포천시 영북면 대회산리 비둘기낭. 이름부터 예사롭지 않았다. 겉으로 보면 아
무것도 없을 것처럼 평온한 이 숲 속 어딘가에 숨겨진 비밀의 폭포가 있다. 지금
도 박쥐가 집을 짓고 살고 있다는 이곳은 움푹 파인 낭떠러지가 마치 비둘기 둥지

돌단풍 나뭇가지 사이로 보이는 비둘기낭폭포(왼쪽)와 한탄강으로 이어진 물줄기(오른쪽)

처럼 생겼다고 해서 비둘기낭이란 이름을 얻었다고 한다. 이 폭포는 그 흔한 관광 안내책자나 지도에도 나오지 않는다. 이정표는 더더욱 없다.

비포장으로 이어진 고갯길을 넘어 찾아간 마을 끝자락엔 논밖에 보이지 않았다. 마을 사람들을 길잡이로 앞장세우고 폭포를 찾아 나섰다. 마을을 벗어나 작은 개울을 따라 10여 분을 가자 갑자기 계곡을 덮고 있는 거대한 숲이 나타났다.

쿵! 쿵! 쿵! 숲에서 굉음이 울렸다. 그 소리를 따라 숲 속으로 들어섰다. 가파른 비탈길을 따라 조심스럽게 숲을 헤치고 하류 쪽으로 내려갔다. 우르릉……. 굉음이 점점 커진다싶더니 눈앞에 놀라운 광경이 펼쳐졌다. 갑자기 계곡이 푹 꺼지면서 형성된 협곡 사이로 쏟아지는 장쾌한 폭포가 모습을 드러냈다.

돌단풍 가지 사이로 보이는 폭포에서 떨어지는 물기둥은 높이가 15m는 족히 되어 보였다, 폭포가 떨어지는 바닥에는 직경 30m의 소(沼)가 있었다. 소는 마치 산호초가 깔린 열대의 바다처럼 맑은 옥빛을 띠며 반짝였다.

분명 폭포 위쪽은 자그마한 개울에 불과했는데, 하류에 이처럼 웅장한 협곡이 있다는 것이 도무지 믿기지 않았다. 평소에는 물이 말라 쪽빛 소만 볼 수 있던 이곳이 계속된 장맛비가 모여 이처럼 장쾌한 물기둥을 만든 것이다.

폭포가 떨어지는 소리는 마치 오케스트라처럼 웅장했다. 여기에 일부러 특수효과를 낸 것 같은 자욱한 물안개와 우거진 신록의 푸른빛이 어울려 아주 환상적인 분위기를 자아냈다. 이 장엄한 폭포와 마주하기 위해 1년을 기다린 보람이 있었다. 폭포가 들려주는 장엄한 교향곡에 흠뻑 취한 뒤에야 주변을 돌아봤다. 폭포를 둘러싸고 있는 절벽은 담쟁이넝쿨과 돌단풍, 느릅나무 등 다양한 수종의 나무들이 웃자라 있었다. 바위를 뒤덮은 이끼며 삼지구엽초 같은 음지식물도 보였다. 이런 나무와 식물이 어울려 짙은 숲 그늘을 만들고, 협곡에 서늘하면서도 맑은 기운을 드리우게 한 것이다.

비둘기낭은 이곳 사람들만 아는 피서지다. 이곳은 마을 아이들이 발가벗고 미역을 감는 여름철 놀이터다. 땡볕에서 놀다가도 이곳만 들어서면 더위가 싹 가시고 한기가 든다고 했다. 어른이 되어서도 큰비가 오면 비둘기낭을 찾는다고 했다. 시원한 폭포 소리를 듣고 있으면 머릿속이 맑게 헹궈진다고 했다.

우렁찬 물줄기를 쏟아내고 있는 비둘기낭폭포

비둘기낭은 지질학적으로도 중요한 곳이다. 비둘기낭이 물을 보태는 한탄강은 30만년 전 화산폭발 후 침식활동 과정에서 생겨났다고 한다. 이 때문에 한탄강 유역에서는 제주도 지삿개에 있는 주상절리를 볼 수 있다. 특히, 비둘기낭에서는 주상절리의 흔적이 뚜렷하다. 동굴처럼 보이는 천장을 눈여겨보면 각진 돌이 마치 타일처럼 붙어 있는 모습을 확인할 수 있다.

폭포에서 아래쪽으로 20m 정도 내려가면 드라마《신돈》에서 신돈이 수련하는 장면을 촬영했던 작은 동굴이 있다. 동굴 곁으로는 높이 1m의 쌍둥이약수가 있다. 약수는 365일 가뭄이 들어도 마르지 않아 마을 사람들은 '생명의 약수'라고 부른다.

하지만 비둘기낭의 이런 신비롭고 아름다운 모습을 더는 볼 수 없을지도 모른다. 2012년 한탄강에 댐이 건설되면 비둘기낭은 수몰될지도 모른다. 지질학적으로 중요한 가치를 지닌 자연문화재가 물속에 잠겨 더 이상 그 아름다운 모습을 볼 수 없다는 것이 아쉽다.

가는길 자유로에서 문산을 거쳐 37번 국도를 타고 전곡읍을 지나 산정호수 방면으로 가면 오가삼거리가 나온다. 이곳에서 계속 직진해 송정삼거리에서 좌회전. 43번 국도 운천 방향으로 가다 운천 제2교차로에서 좌회전해서 대회산리 방향으로 가면 된다.

맛집 포천하면 이동갈비가 가장 유명하지만 꼭 이동갈비만 먹으라는 법은 없다. 포천 축석검문소에서 광릉 방향으로 조금만 가면 이공국시집(031-542-1158)이 있다. 비빔국수와 잔치국수가 일품이다. 연천 전곡리에 있는 망향국수집(031-835-3575)의 비빔국수 맛도 그만이다. 고기를 먹는다면 광릉불고기(031-527-6631)의 숯불돼지불고기 백반도 추천할 만하다.

잠잘곳 한화리조트 산정호수(1588-2299)가 있다. 아름다운 호수와 명성산을 끼고 있어 여유롭게 하룻밤 쉬기에 적당하다. 이밖에도 숲속의 하얀집, 풀하우스, 여우재산장 등 이름도 이쁜 펜션들이 즐비하다.

볼거리 비둘기낭으로 가는 길에 산정호수가 있다. 산정호수를 품은 명성산은 억새로 유명하다. 연천에서 접근하면 전곡리선사유적지를 돌아볼 수 있다. 경원선 철도종단점인 신탄리역도 있다. 비둘기낭마을은 행정안전부가 지정한 정보화마을. 사전에 신청하면 전통 장 담그기, 짚공예 체험, 농산물 수확, 비둘기낭 탐방 등 다양한 체험 프로그램을 즐길 수 있다. 017-269-6483

#15

풍수원성당

주소 강원도 횡성군 서원면 유현2리 1097(풍수원성당)

여행적기 5월~11월

주변 여행지 귀농학교 겸 한옥연구소 · 금대공소 · 도새울마을 · 디오니캐슬 와이너리 · 오크밸리리조트

문의 풍수원성당(033-343-4597). 횡성군청 문화관광과(033-340-2546)

마음을 내려놓는 시간
위로가 필요한 시간

피정(避靜)을 아시는지. 피세정념(避世靜念)의 줄임말로 '세상의 번잡함을 떠나 고요하게 마음을 지킨다'는 뜻이다. 가톨릭에서 일상생활에서 잠깐 벗어나 묵상과 침묵 기도를 하는 일종의 종교적인 수련을 말하는 것. 비교해보자면 사찰에서 운영하는 템플스테이와 유사하다. 피정은 템플스테이와 마찬가지로 번잡한 저잣거리의 생활을 벗어나 짧게나마 스님이나 혹은 신부, 수녀의 '기도하는 삶'을 경험해보는 시간이다. 몸의 즐거움보다는 '마음을 내려놓는' 그런 휴식인 것이다. 사실 도회지의 지친 삶 속에서 휴가로 위로받아야 할 것은 몸보다는 마음이지 않을까.

# #

카메라 니콘 D3

렌즈 니콘 24~70mm

감도(ISO) 400

셔터 스피드 1/30

조리개 F2.8

촬영장소 풍수원성당

촬영팁 차창을 타고 흘러내리는 빗물을 이용해 유화 느낌처럼 담아내는 게 포인트. 빗방울이 흘러내리면 피사체가 다양한 형태로 번져 보이는데 순간순간 그 느낌이 달라지므로 여러 장을 찍어서 선택한다. 비 내리는 날은 노출이 부족하므로 카메라가 흔들리지 않도록 주의.

중 년 의 가 장 에 게 여름휴가는 때로 무거운 짐이
다. 가장 막히지 않는 길을 골라내야 하고, 쾌적한 숙소를 그것도 싼 값에 얻어야
하며, 휴가지 주변의 맛집을 가족들 식성에 맞춰 꿰고 있어야 한다. 휴가지에서
는 가족을 위한 공간을 확보해야 하고, 혹 그 공간을 침입하는 사람은 없는지 감
시하면서 밀쳐내야 하는 것은 물론이다. 교통편 점검하랴, 숙소예약 확인하랴,
놀 만한 장소나 맛집도 점찍어두랴, 신경 써야 할 것이 한두 가지가 아니다. 아차
실수하는 날이면 졸지에 무능한 가장이 되는 셈이니 여간 피곤한 일이 아니다.

이런 식이라면 휴가가 오히려 더 지치고 더 피곤할 따름이다. 이렇듯 소모적인
방전(放電)의 휴가여행 말고, 고요한 침묵 속에서, 혹은 자연 속에서 평화로운 마
음을 갖게 하는 충전(充電)의 휴가를 즐겨보면 어떨까. 가톨릭의 피정은 가톨릭
신도가 아니라면 낯설긴 하지만, 따지고 보면 템플스테이보다는 수칙이 까다롭
지도 않고, 꼭 지켜야 할 것도 그리 많지 않다. 특히 가족단위의 개인 피정이라면
스스로 자유롭게 묵상의 시간을 가지면 그뿐이다.

여름날 짙푸른 초록으로 가득한 풍수원성당이 있는 강원 횡성으로 떠난 길이
다. 풍수원성당의 고요하고 성스러운 느낌도 좋지만, 인근에는 시골마을의 작고
소박해서 더 아름다운 공소(公所·신부가 상주하지 않는 작은 예배소)와 복분자로 와
인을 빚어내는 와이너리, 그리고 연꽃이 피는 마을까지 조용히 돌아볼 곳들이 도
처에 있다.

경기도 양평에서 6번 국도를 따라 강원도 횡성으로 접어들면 가장 먼저 만나는
자그마한 산골마을이 유현리다. 이 마을의 안쪽에는 한 눈에도 단아하면서도 고
풍스러운 멋을 풍기는 풍수원성당이 있다. 마침 더위를 식히는 소나기가 내리던
날이었다. 성당 앞의 아름드리 느티나무도, 성당의 외벽도 빗줄기에 촉촉하게 젖
어 수채화 같은 풍경을 그려냈다. 우산을 접어 비를 털어내고 성당 문을 밀고 들
어섰다. 성당 안에 가득한 것은 편안한 어둠과 적요함. 누군가 금방 기도를 하고
돌아갔는지 반들반들한 마루에는 방석 몇 개가 놓여 있었다. '당신의 이름은 만군
의 주님이십니다. 사람들의 모든 길을 살피시고, 저마다 제 길과 제 행실의 결과

풍수원성당의 성모상(왼쪽)과 예배당(오른쪽)

에 따라 갚아주시는 분입니다…'. 은은한 조명 아래 독서대에 펼쳐진 예레미아서 32장을 손가락을 짚어가며 읽어본다.

종교를 가졌거나 혹은 가지지 않았거나, 개인적인 신앙심의 차이와는 관계없이 오래 된 성당에 들면 마음이 가지런하게 정돈되는 느낌을 갖게 된다. 깊은 산중의 오래 묵은 절집에 들었을 때와 비슷한 느낌이다. 누군가의 오래된 기원이나 소망의 손때가 반질반질하게 묻은 마루나 닳은 문고리를 쓰다듬다보면 누구든 욕망으로 가득한 생활과 부질없는 욕심에 대해 반성하게 되리라. 이런 반성은 때로 스스로를 다스리는 위로가 되기도 한다.

풍수원성당은 조선시대와 구한말 박해를 피해 이곳에 숨어들어 화전을 일구며 연명했던 천주교 신자들이 나무를 베고, 기와를 굽고, 벽돌을 날라 1907년에 지은 성당이다. 당시만 해도 한양까지 250리 길은 양평까지만 사람들이 겨우 다니는 소로가 있었을 뿐이고, 양평에서 한양까지는 소금배가 유일한 교통수단이었다. 사정이 이러니 백회, 함석 등의 자재를 운반하는 일은 고된 노역이 아닐 수 없었다. 그 정성 때문일까. 성당이 세워진지 100년이 넘는 시간이 흘렀지만, 지금도 어디 하나 흐트러지지 않고 단아한 모습을 그대로 간직하고 있다.

풍수원성당의 뒤에는 묵주동산이라 불리는, 야트막한 언덕을 따라 조성된 '십자가의 길'이 있다. 피정의 목적이 기도와 묵상이고, 성당이 기도의 공간이라면, 이 길은 묵상을 위한 것이다. 짙은 초록의 숲길을 따라 판화가 김철수가 새긴, 예수 고난을 담은 연작 14개가 돌비석에 새겨져 있다. 이곳에서는 되도록 걸음을 늦춰야 한다. 새소리와 풀벌레 소리를 듣고 나뭇잎 사이로 살랑거리는 바람을 느끼며 걷는 길. 마침 비가 내린 뒤라 숲길은 더욱 청량하다. 그 길의 끝에는 소나무가 빽빽하게 둘러친 잔디밭 가운데 성모상과 예수가 못 박힌 십자가가 세워져 있다. 돌 제단 앞에 서서 십자가를 올려다보면 천주교 신자가 아니더라도 마음이 저절로 경건해진다.

묵주동산의 안쪽에는 중국 페낭신학교에서 신품을 받고 귀국해 풍수원성당에 부임해 성당을 짓고 45년 동안 이 성당을 지켜오다 1946년 선종한 정규하 신부가

금대공소

잠들어 있다. 성당건립과 관련해서 전해지는 뒷이야기 하나. 정 신부는 당초 풍수원성당을 푸른 벽돌로 짓고 싶어했다. 그러나 벽돌을 굽는 과정에서 제 색이 나지 않자 포기하고 붉은 벽돌과 회색 벽돌로 성당을 지었다. 만일 풍수원성당이 정 신부의 계획대로 푸른 벽돌로 지어졌더라면 어땠을까. 지금도 물론 나무랄 데 없지만 성당이 푸른빛이 감도는 벽돌로 지어졌다면 훨씬 더 아름답지 않았을까.

풍수원성당은 3박4일 일정의 피정 프로그램을 운영하고 있지만, 여름이나 겨울방학 때는 학생들 대상으로 단체 피정만 접수를 받는다. 그러나 언제든 개인피정을 환영한다. 풍수원성당의 김승오 신부는 "여름에는 성당에서 숙소를 내주지는 못하지만, 인근에 숙소를 정하고 편한 시간에 자유롭게 기도와 묵상을 하면서 피정을 할 수 있다"며 "불교신자가 아니더라도 템플스테이를 찾아가듯, 신도가 아니라도 누구든 편안하게 언제든 찾아와서 삶을 되돌아본다면 좋겠다"고 했다.

풍수원성당 인근에는 묵상과 기도를 할 수 있는 명소가 있다. 풍수원성당의 김 신부가 건축가 김정원(56)씨와 함께 '의식주문화운동'을 펼치고 있는 귀농학교 겸 한옥연구소다. 성당에서 차로 10분 거리쯤인 금대리의 금대분교 폐교건물을 개조해 사용하고 있는데, 허름한 폐교건물 안으로 들어서면 누구든 깜짝 놀라게 된다. 내부공간이 은은한 한옥의 정서로 가득해 도무지 교실 3칸짜리 폐교라고 믿

귀농학교 겸 한옥연구소

어지지 않을 정도다. 벽은 황토로, 바닥은 누런 포대종이로, 천정은 초배지로 마감했다. 보와 기둥, 서까래로 삼은 고색창연한 나무와 조형미 넘치는 창과 문은 감탄이 절로 터질 정도다. 비록 겉은 낡은 시멘트 폐교 건물이지만, 내부는 유려하고 정취가 넘치는 푸근한 한옥의 느낌이 물씬 풍겨 마치 마술을 보는 것 같은 느낌이다.

김 소장은 "사람들이 한옥을 좋아하는 것은 한옥의 건물이 아닌 한옥의 정서를 좋아한다는 것"이라며 "3차원의 한옥 구조를 폐교의 내부공간에 2차원 혹은 1차원으로 전환해 한옥의 편안함을 느끼도록 했다"고 말했다. 그는 또 "서양건축이 논리적이라면 한옥은 '깨달음'에 가깝다"고 했다. 그렇다면 마음을 다스리는 피정의 장소로는 한옥의 정서가 물씬 풍기는 폐교가 더 잘 어울리지 싶다.

이곳에서는 재료값만 받고 차를 팔기도 하고, 유기농으로 지은 농산물로 쿠키를 구워 팔기도 한다. 원한다면 누구나 정갈하게 꾸며진 김 신부의 방에 들어 묵상과 기도도 할 수 있다. 사제복이 걸려 있는 김 신부의 방은 개인피정을 하기에는 더할 나위없는 공간이기도 하고, 꼭 종교적인 목적이 아니라도 그저 들러보는 것만으로도 새로운 경험을 할 수 있는 공간이기도 하다.

하지만 아쉬운 것은 누구든 편안하게 방문할 수는 있지만, 숙박을 할 수 없다는 것. 아직 내부가 완공이 된 것이 아닌데다, 공간이 그리 넓지 않아 숙소로 이용할 공간을 따로 만들 계획이다. 대신 한옥연구소에 연락하면, 김씨가 인근에 한옥의 느낌으로 운치있는 방을 들여놓은 숙소를 소개해준다.

가는길 대부분 횡성을 찾아간다면 영동고속도로를 타고 원주나들목이나, 새말나들목에서 나오는데, 풍수원성당은 6번국도를 타고 가는 편이 훨씬 더 가깝다. 서울에서 덕소, 와부를 지나는 6번국도를 타고 양평을 지나 횡성까지 가는 도로를 따라가면 경기도 양평에서 강원도 횡성 땅으로 넘어가자마자 왼편으로 풍수원성당이 나온다. 귀농학교 겸 한옥연구소·금대공소·도새울마을·디오니캐슬 와이너리 등이 모두 인근에 있다.

맛집 횡성에는 횡성한우를 맛볼 수 있는 수많은 식당이 있다. 횡성의 고깃집 중 유명한 곳이 우가(033-342-7661)와 한밭식당(033-343-2549). 관광객들에게는 축협한우플라자가 가장 알려져 있지만 역사로 보나 고기의 질로 보나 이들 두 식당이 한수 위다. 우가는 도축한 고기를 숙성해서 내놓는데, 최소 1주일 전에 예약을 하면, 가장 숙성이 잘 된 고기를 맛볼 수 있다. 횡성읍내의 한밭식당은 50년의 전통을 갖고 있다. 식당 한쪽에 고기를 파는 정육점을 겸하고 있다. 공근면 초원리에는 와이너리 디오니캐슬도 있다. 레드와인은 복분자로, 화이트와인은 야생 다래로 빚는데, 제법 묵직한 맛을 낸다. 언제든 와인주조 과정을 견학하고, 와인을 시음할 수 있다. 3종류 와인 시음은 3000원, 5종류 와인 시음은 5000원을 받는다.

잠잘곳 풍수원성당은 여름방학 시즌에는 단체피정만 받는다. 개별적으로 피정을 하려면 귀농학교 겸 한옥연구소(033-343-9980)로 문의하면 안내해준다. 숙박요금이 좀 비싸긴 하지만, 인근에 계곡을 끼고 있는 고급스런 펜션 보르도(033-343-0199)도 있다.

#16
사랑등대

주소 경상북도 포항시 북구 두호동 685-1(북부해수욕장)

여행적기 7월~8월

주변 여행지 구룡포 · 호미곶 · 죽도시장 · 북부해수욕장 · 보경사 · 내연산계곡

문의 포항시청 문화관광과(054-270-2274)

핑크빛 사랑의 맹세로
불밝힌 등대

등대에 설치된 스피커에서 느닷없이 감미로운 사랑 노래가 울려 퍼진다. 가수 이승기가 부른 〈결혼해줄래〉다. 등대 중간쯤 걸린 LED 전광판엔 '고마워, 사랑해'라는, 다소 낯간지러운 문구가 반복적으로 흐른다. 그 아래 젊은 남녀가 손을 맞잡고 선다. 산책 나온 동네 주민들은 무슨 일 났냐며 웅성거린다. 곧 연인들의 사랑 고백 이벤트란 걸 알고는 부러움 반, 아쉬움도 반쯤 섞인 시선으로 그들을 바라본다. 등대는 전체가 선연한 분홍빛이다. 당연히 주변도 은은한 분홍빛으로 물들고, 젊은 연인들의 홍조 띤 얼굴 또한 그 빛에 감춰진다. 평생 기억에 남을 만한 프러포즈 장소로 이만한 곳도 없지 싶다. 경북 포항의 사랑등대 앞 밤풍경이다.

# #

카메라 니콘 D3
렌즈 24~70mm
감도(ISO) L 1.0
셔터 스피드 1초
조리개 F 11
촬영장소 북부해수욕장 오른쪽 사랑 등대
촬영팁 등대 앞에 사랑을 맹세하는 연인의 모습이 핑크빛 조명과 어우러져 환상적인 느낌을 준다. 또 등대를 가운데 두고 파도를 막아주는 테트라포트에 새겨 놓은 낙서도 살려 사랑등대 사연을 한결 풍성하게 했다.

등대가 오가는 배들을 인도하는 단순한 역할을 뛰어 넘은 지는 꽤 오래됐다. 송이버섯 등대(강원 양양)를 세워 지역 특산품을 홍보하거나, 연필(경남 통영)·풍차(전남 목포) 등대로 관광객들을 유혹하기도 한다. 노래하는 등대(전남 완도), 출산을 독려하는 젖병등대(부산 기장)도 등장했다. 사랑등대는 그 중 앞줄에 세울 만하다.

사랑등대는 2009년 연말 첫 선을 보였다. 포항지방해양항만청이 1963년 첫 불빛을 밝힌 포항 구항 동방파제 등대를 리모델링하면서 사랑을 고백하는 장소로 활용하기로 아이디어를 냈다. 등대에 경관조명을 하고, 스피커와 함께 높이 14m 등대 중간에 LED(발광다이오드)전광판을 설치해 연인, 혹은 가족의 사랑을 문자로 표현할 수 있도록 했다.

사랑등대는 시작부터 좋은 반응을 얻었다. 타 지역 신청자가 90% 이상을 차지할 정도로 전국적인 유명세도 탔다. 이에 고무된 포항항만청이 행락객들이 몰리는 5월~8월에도 이벤트를 벌이기로 한 것.

사랑등대는 영일만을 사이에 두고 포스코 제철소와 마주하고 있다. 용광로가 눈앞에 있어서일까. 등대 몸체는 물론, 방파제 주변 테트라포드(콘크리트 삼발이)마다 불같은 사랑을 염원하는 낙서들로 가득 찼다. 여느 방파제에 기껏 배달용 중국집 전화번호만 적혀 있는 것과는 전혀 다른 모습이다.

낙서에 사랑얘기만 있다면 무미건조할 터. '여기 온 커플 다 깨진다'는 악담과 '살 빼고 좋은 남자 만나자'는 자기 최면 등 솔로들이 적은 듯한 글귀들이 적당히 균형을 맞춘다. '보고 싶어 한 번 더 왔어. 정말 보고 싶다'는 애절한 문장도 눈에 띈다.

경주에서 왔다는 한 연인이 등대 앞에 서자 사랑 노래와 함께 자신들이 신청한 글귀가 전광판에 흘렀다. 주변 사람들은 너나없이 한 발짝씩 물러섰다. 어색해하던 둘은 곧 자연스레 손을 잡고, 어깨에 머리를 기대는 등 자신들만의 시간을 만끽했다. 이들을 닭살커플처럼 보던 사람들의 입가에도 옅은 미소가 보일 듯 말 듯 걸렸다.

　전광판에 표출하려는 사연도 여러 가지다. 포항항만청 관계자에 따르면 경기도 수원에 사는 한 어머니가 숫기가 없어 여자 친구에게 사랑 표현도 못하는 아들을 대신해 이벤트를 요청했는데, 일이 잘 풀렸는지 나중에 고맙다며 전화를 한 적도 있다고 한다. 또 한 중년 남성은 아내에게 이 이벤트를 했더니 '약발'이 한 달 넘게 지속됐다고도 한다. 실연의 아픔을 달래려는 사람도 있다. 애절한 글귀를 신청한 뒤, 혼자 하염없이 등대만 바라보는 남성도 있었다는 것.

　이벤트 신청은 무료다. 신청자 이름과 표출문구(20자 이내), 음악파일(MP3), 표출일·시·분을 적어 홈페이지(pohang.mltm.go.kr)에 올리면 된다. 음악파일은 저작권을 위반하지 않은 것만 유효하다. 마이크로소프트사 엑셀에서 사용되는 특수문자는 대부분 표출이 가능하다. 오후 8시부터 밤 12시까지 운용된다.

　우리나라 지도에서 호랑이 꼬리처럼 동해를 향해 삐죽 솟아오른 곳이 호미곶면이다. 원래 대보면이었으나 호미곶이 전국적인 명성을 얻으면서 올해부터 지명도 바뀌었다. 호미곶 못 미쳐 있는 구룡포해수욕장은 아름다운 물빛에도 불구하고 덜 알려진 곳이다. 해변으로 내려가는 언덕길에 서면 에메랄드빛 바다가 눈을 의심케 한다. 동해에도 이런 빛깔을 가진 해수욕장이 있었던가. 제주도의 함덕과 협재 등에서 보았던 바로 그 물빛깔이다. 바람 불어 파도가 일 때면 꼭 연한 연둣빛 커튼이 일렁이는 듯하다. 이런 바닷물에서 함께 해수욕을 즐긴다면 사랑은 깊어지고 정은 더욱 도타워 질 듯하다.

　구룡포 읍내 우체국 옆쪽 골목에 일본인 가옥거리가 남아 있다. 구룡포는 일제

구룡포항에서 호미곶을 한바퀴 돌며 만나는 해안 풍경

강점기에 동해 어업전진기지로 각광받았던 흔적이다. 거리 곳곳에 일제강점기 당시 사진이 붙어 있어 현재 모습과 비교하며 둘러볼 수 있다. 호미곶 등대 옆 '까꾸리개'도 둘러볼 만하다. 예전엔 풍랑이 심한 날이면 청어 떼가 밀려와 갇히는 경우가 많았는데, 이때 까꾸리(갈고리)로 쓸어 담았다 해서 붙은 이름이다. 동해의 바람 맞으며 잠시 쉬어가기 좋다.

포항은 밤이면 빛의 도시로 탈바꿈한다. 특히 포스코 제철공장 야경은 단연 압권. 거대한 제철소 외곽 전체에 LED 경관 조명을 했는데, 포항 어디서건 밤풍경의 주인이 된다. 사랑등대와 인접한 북부해수욕장에서 가장 잘 보인다. 조명시설을 갖춘 해수욕장 내 120m 높이의 고사분수와 어우러져 더없이 화려한 경관을 펼쳐낸다.

포항에서는 매년 여름 포항국제불빛축제가 북부해수욕장과 형산강체육공원 등에서 열린다. 축제 때는 10만발 가까운 연화가 하늘을 수놓는 불꽃놀이가 펼쳐진다.

가는길 중부내륙고속도로 → 경부고속도로 → 익산~포항고속도로 → 북부해안로 → 포항여객선터미널 → 사랑등대 순으로 간다.

맛집 모리국수는 뱃사람들이 속풀이를 위해 먹었던 일종의 잡어 칼국수다. 여러 사람이 '모디가(모여) 먹은 국수'란 사투리가 변해 모리국수가 됐다. 포항에서만 맛볼 수 있는 향토 음식. 국수에 아귀와 물메기, 대게 다리 등 각종 해산물을 넣고 칼칼하게 끓여낸다. 다소 비릿하면서도 입에 착착 감긴다. 구룡포항 얼음공장 뒤 까꾸네(054-276-2298)가 많이 알려졌다. 1인 5000원. 2인 이상만 판다.

잠잘곳 해병대에서 운영하는 청룡회관(054-290-9820)이 싸고 깨끗하다. 4만원선. 구룡포 가는 길에 있다.

볼거리 내연산 계곡과 보경사, 호미곶 등은 전국구 관광 명소. 동빈 내항에는 비운의 천안함과 동일한 기종의 포항함이 전시돼 있다. 지난해 퇴역한 함정으로 일부 장비들만 제거됐다. 입장료는 없다. 하옥계곡은 포항 주민들이 여름철 물놀이를 즐기기 위해 알음알음 찾는 숨은 명소다. 때묻지 않은 자연미가 살아 있다. 호미곶과 보경사 등 관광지를 둘러보는 시티투어도 인기다. 포항역에서 오전 9시 출발한다. 3000원. 포항시관광안내소(054-289-7298)

#17
물레길

주소 강원도 춘천시 근화동 264-18(송암스포츠타운)

여행적기 봄～가을

주변 여행지 중도유원지 · 애니메이션박물관 · 의암댐 · 소양강댐 · 청평사 · 김유정문학촌 · 닭갈비골목

문의 춘천시청(033-253-3700), 블루클로버(070-4150-8463)

물 안에서 물 밖으로 시선주는
자연주의 여행

새벽이 어둠을 밀어내고 아침을 연다. 물안개 자욱한 호반은 촉촉한 기운에 젖어 있다. 물가로 드는 길목엔 싱그러운 향기가 가득 피어오른다. 먹잇감을 찾아 나선 물새의 날갯짓에 수면이 파르르 떤다. 또르르르~ 카누 뱃전을 때리는 맑고 경쾌한 물방울 소리에 온몸이 찌르르 울린다. 어느새 세속의 시간은 잊은 채 자연이 주는 느림여행으로 빠져든다.

**카메라** 니콘 D3 **렌즈** 17~35mm **감도(ISO)** 400 **셔터스피드** 1/60 **조리개** F8 **촬영장소** 의암호 **촬영팁** 물안개는 기온차로 순식간에 생겼다가 사라지기를 반복해 타이밍을 잘 맞추는 게 중요하다. 봄가을 이른 아침에 의암호를 뒤덮는 물안개를 만날 확률이 높다. 조리개는 조여주는 대신 셔터 스피드는 늘려주는 게 좋다. 이때는 카메라 흔들림에 주의해야 한다.

《 느 리 게 산 다 는 것 의 의 미 》라는 책을
쓴 프랑스의 철학자 피에르 쌍소는 느림의 삶을 받아들이는 9가지 태도 중 첫번
째로 '한가로이 거닐기'를 꼽았다. 그는 "느림, 내게는 그것이 부드럽고 우아하고
배려 깊은 삶의 방식"이라고 말했다. 그 느림의 미학이 물길로 이어지는 곳이 있
다. 춘천 의암호를 따라 가는 물레길이다.

혹자는 '또 길이야'라고 외면할지 모른다. 흔히 물가 주변을 걸으며 물을 바라
보는 그런 길로 생각할 게 뻔하기 때문이다. 하지만 이 길은 전혀 다른 길이다. 물
밖이 아닌, 물 위로 난 길이다. 카누를 타고 물 안쪽에서 물 밖의 자연으로 시선을
던지는 느림여행길이다.

춘천 송암스포츠타운 물레길 운영사무국 앞 의암호에는 영화에서나 봄직한 우드카누가 반짝이는 물살을 헤치며 유유히 떠다닌다. 카누는 우리나라에서 레저로써 익숙한 편은 아니다. 비싼 가격도 그렇지만 아직 대중화되지 않은 탓에 소수만 즐기는 레포츠로 인식된다. 하지만 물레길에서는 다르다. 이곳에서는 아름다운 호수와 강에서 가족, 연인, 친구, 누구라도 카누를 탈 수 있다. 카누 대중화를 위한 첫 시도다.

흔히 카누와 카약을 혼동하는 경우가 있는데, 둘을 구분하는 것은 노다. 카누는 한쪽에만 날이 달린 노를 사용하는 반면 카약은 양쪽에 날이 달린 노를 사용한다. 그래서 카약은 래프팅처럼 급류에서 액티브함을 느끼며 타지만 카누는 보다 느리고 서정적인 매력이 있다.

카누는 인디언들이 강이나 바다에서 교통수단으로, 혹은 수렵을 위한 도구로 사용하던 작은배에서 그 기원을 찾을 수 있다. 카누는 주변 환경에 따라 다양한 모습과 재질로 발전했다. 북미 인디언들은 자작나무로, 그린란드 에스키모들은 동물의 뼈에 바다표범의 가죽을 씌워 만들었다.

물레길에는 캐나다 스타일의 클래식 우드카누가 사용된다. 가볍고 탄성이 좋은 캐나다산 적삼목을 가공해 수작업으로 만들었다. 이렇게 만든 카누의 무게는 20㎏ 정도. 성인 남성이면 어디든 들고 이동할 수 있다. 우드카누에는 최대 400㎏까지 짐을 실을 수 있다. 카누를 타고 다양한 아웃도어를 즐길 수 있다.

물레길은 3개의 코스가 있다. 1코스는 송암선착장~의암호~붕어섬(4㎞·1시간 소요), 2코스는 선착장~의암호~중도~하중도 사잇길(6㎞·2시간), 3코스는 선착장~의암호~하중도 사잇길~애니메이션박물관(5㎞·2시간)이다. 카누는 생각보다 쉽다. 초보자도 20여 분만 교육을 받으면 손쉽게 수면을 가르며 카누를 즐길 수 있다.

송암스포츠타운의 카누 선착장

의암호 물살을 헤치는 카누

의암호 붕어섬의 카누 캠핑족

물레길을 운영하는 블루클로버 강사의 지시에 따라 카누에 올랐다. 잠시 흔들림에 놀라기도 했지만 이내 카누는 물과 하나가 된다. 패들링(카누에서 노를 젓는 행위) 한 번에 카누가 물살을 가르며 앞으로 나간다. 느릿하게 카누에 몸을 맡긴다. 모터보트나 수상스키처럼 빠르지 않다. 천천히 패들을 젓는 대로 물 위를 미끄러져 나가는 카누 위에서는 자연의 숨소리조차 가까워진다. 바쁜 일상 속에서 쉽게 스쳐 지나갔던 아름다운 자연의 모습이 천천히, 아주 천천히 눈앞으로 다가왔다.

잠시 후 호수 가운데 자리 잡은 무인도인 붕어섬에 닿았다. 1967년 의암댐 준공 이후 생겨난 내륙 속의 섬이다. 붕어섬은 인근에 위치한 삼악산에서 내려다보면 붕어 모양을 한 땅이 의암호 위에 떠 있는 것처럼 느껴진다고 해서 붙여진 이름이다. 이곳엔 백로, 쪼록싸리, 개망초, 갈대, 갯버들 같은 동식물이 서식하고 있다.

다시 물길을 헤치며 중도로 향한다. 패들링이 조금 능숙해졌다. 수면과 맞닿으면서도 가라앉지 않고 물살을 가르는 카누의 질주감은 다른 수상레저와는 다른 스릴과 즐거움을 선사한다. 점점 주변으로 눈길이 가기 시작한다. 본격적인 느림

여행이 시작되는 것이다.

장목순 블루클로버 연구소장은 "카누는 빠르게 가는 레포츠가 아니라 자연 속에서 느리게, 자연을 다시 한 번 깊숙하게 느낄 수 있는 수상레저"라고 말했다. 그는 또 "느리게 여행하기는 시간 낭비가 아니라 추억을 담는 작업"이라며 "모두가 빠르게 빠르게 스쳐만 지나가는 길에서 느림은 하나하나가 여행자의 몫이 된다"고 덧붙였다.

멀리 중도유원지가 보였다. 수상스키를 탔다면 그냥 휙 스쳐 지나갈 곳이겠지만 카누를 타면 오래도록 눈에 밟힌다. 중도는 사계절 내내 MT나 야유회 장소 등으로 각광받고 있는 곳이다. 최근엔 오토캠핑 명소로 주가가 급상승 중이다.

하중도 사잇길을 지나온 길을 되짚었다. 패들링에 지칠 법도 하지만 여행자는 그것마저도 신이 났다. 느림의 여행은 2시간여 만에 끝이 났다. 처음의 설렘과 긴장감은 어느새 사라지고 자연과 하나 된 듯한 여유로움에 행복감이 온 몸으로 전해져왔다.

가는길 경춘고속도로를 타고 가다 춘천IC로 나와 공지천에서 좌회전, 중도선착장(삼천동) 방향으로 가면 송암스포츠타운(http://mullegil.org)이 나온다. 3개 코스로 운영되는 물레길 이용료는 3만원(2인 기준)이며 1인 추가시 1만원이다. 선착장 주변에서 간단한 체험(6000원)도 할 수 있다. 운영시간은 오전 10시, 오후 2시, 4시다. 카누를 탈 때는 안전에 신경써야 한다. 가장 중요한 장비는 구명재킷이다. 카누가 뒤집어지는 경우를 대비해 인원수대로 꼭 착용한다. 햇빛을 차단할 챙이 넓은 모자와 선글라스, 개인물병, 수건 등도 챙겨서 타면 좋다. 복장은 크게 상관이 없으나 물이 튀는 것을 감안해 생활방수 기능이 있는 옷을 입으면 좋다. 블루클로버에서는 자신만의 카누를 직접 만들 수도 있다. 블루클로버가 운영하는 카누제작학교에 등록하면 10여 일만에 근사한 캐나디안 스타일의 우드카누를 가질 수 있다.(070-4150-9463)

맛집 춘천하면 닭갈비와 막국수를 빼놓을 수 없다. 춘천 명동 일대에 소문난 닭갈비집들이 많다. 어디를 가도 비슷하지만 온의동 닭갈비 거리에 있는 유림닭갈비(033-253-5489)는 현지인들이 추천하는 맛집이다.

#18

부여

주소 충남 부여군 부여읍 동남리 117(궁남지)

여행적기 6월 말~8월 말

주변 여행지 백제문화재현단지 · 백제왕릉원(능산리 고분군) · 부소산성 · 낙화암 · 궁남지 · 정림사지

문의 부여군 문화관광과(041-830-2244)

애절한 백제의 혼은
몽글몽글 연꽃으로 피고

진흙탕에 뿌리 내렸다. 탁한 물 빨아들여 살았다. 뙤약볕 속에서 곧은 꽃대 밀어 올렸다. 그 끝에 꽃 폈다. 한없이 청초한 꽃 폈다. 등불처럼 하얗고 맑은 꽃, 난데없이 폈다. 연꽃. 빛 없는 어둠 속에서 묵묵히 삶을 살아내는 경이(驚異)! '삶은 끝까지 가려는 의지'라고 했다. 이러니 삶은 연꽃에 있다. 연꽃에서 백제를 본다. 진흙탕에 빠져 탁한 물로 연명한 세월이 1400년. 나라 잃은 설움들, 제 땅 떠나지 못하고 간절하게 버텼다. 그래서인지 옛 왕도에 피는 연꽃이 더 아름답고 애절하다.

# #

카메라 캐논EOS 20D
렌즈 캐논 24~70mm
감도(ISO) 200
셔터 스피드 1/60
조리개 F 8
촬영장소 궁남지
촬영팁 한낮에는 연꽃의 꽃잎이 잘 벌어지지 않는다. 따라서 볕이 약한 이른 아침이 촬영하기 적합하다. 단아한 여인, 순박한 사람들, 정자나 오두막 등 연꽃의 청초한 이미지를 부각할 수 있는 배경을 활용하면 느낌이 더 커진다. 망원렌즈를 활용해 주변의 대상을 대부분 배제한 채 찍는 클로즈업 컷도 연꽃의 이미지를 강하게 표현하는 데 효과적이다.

　　　　따 지 고　보 면　백 제 는 660년 멸망 후 1400년
동안 죽어 있었다. 삼국을 통일한 신라에게 철저히 짓밟힌 탓에 온전하게 남은 건
물 하나 없다. 그래서 옛 백제의 땅 어디를 가도 흔적을 더듬기가 만만치 않다. 그
렇게 역사 속에서 사라져가던 백제가 요즘 서서히 부활하고 있다.

　부여는 백제 600여 년의 역사 중 가장 찬란했던 123년이 오롯이 숨 쉬는 곳이
다. 한성, 웅진(지금의 공주)에 이어 백제의 마지막 왕도였다.

　백제가 어떻게 부활한다는 것일까. 그 첫 단추는 최근 개장한 백제문화재현
단지에서 찾아볼 수 있다. 백제의 왕궁과 금동대향로가 발견된 터에 있었던 사
찰인 능사, 당시 주거지 등이 이 안에 재현돼 있다. 아시아 최대 규모의 역사테
마파크라고 관계자가 설명할 정도로 규모가 꽤 크다. 전체 330만m²(약 100만평)
중 248m²(75만평)이 역사재현존(zone)이다. 나머지는 한국전통문화학교 등 역사

교육존으로 꾸며졌다. 공사기간만 무려 12년이 걸렸고, 들어간 사업비만 해도 6900억원이 넘는다. 여기에 백제의 원형을 살리기 위해 대목장, 단청장, 칠장, 번와장 등 6개 분야의 장인들이 참여했다.

백제문화재현단지는 얼핏 보면 흔한 민속촌 같지만 하나하나 뜯어보면 재미가 있다. 백제 때 지어진 건축물이 남아 있지 않은 탓에 왕궁의 치미—지붕의 양쪽 끝에 없는 장식—는 전북 익산 미륵사지에서 출토된 치미를 본떠 만들었다. 또 지붕은 완주 화암사의 하앙기법—지붕의 웅장함이 돋보이도록 하는 기법—을 참고했다. 처마의 선은 정림사지 오층석탑의 것을 따라 만들었다. 일본 법륜사의 건물도 참고했다. 백제의 건축기술이 일본에 전해졌다는 판단에서다. 왕궁의 단청은 백제의 고분 벽화를 모델로 삼았다. 청·백·적·흑·황 등 고유의 오방색 염료에다 광물을 넣어 명도와 채도를 낮춘 백제 단청의 특징을 살렸다. 능사에 들어선 5층

175

포룡정과 궁남지

목탑은 높이가 38m나 된다. 수문장 교대식 같은 프로그램들도 운영된다. 백제문화재현단지는 천천히 백제를 음미하기에는 부족함 없는 곳이다.

부여는 옛 백제 땅에서 그나마 볼거리들이 좀 있는 곳이다. 대표적인 곳이 부소산성과 낙화암, 백제왕릉원(능산리 고분군), 정림사지, 궁남지다.

낙화암은 백제 멸망 후 삼천궁녀가 몸을 던진 곳으로 유명하다. 볼 것은 딱히 없다. 유유히 흐르는 백마강 위로 깎아지른 절벽이 있는 것이 전부다. 여기서 짚고 넘어갈 것 하나. 정말 3000명의 궁녀가 이곳에서 뛰어내렸을까. 이 이야기는 역사의 승자에 의해 왜곡됐을 가능성이 있다. 신라는 의자왕이 이렇게 많은 궁녀들과 놀아났으니 백제가 망했다는 생각을 주입시켰을지도 모른다.

부여의 문화해설사에 따르면 고구려 광개토대왕이 재임기간 중 103개 지역을 정복했는데, 의자왕은 160개 지역을 정벌했다고 한다. 그만큼 유능한 왕이란 이야기다. 낙화암에서 뛰어내린 3000명이 꼭 궁녀만은 아니었을 것이다. 나당 연합군에 밀려 낙화암이 있는 부소산성까지 들어온 양민도 있었을 것이다. 군신과 목숨 걸고 싸우던 군사들은 말할 것도 없다. 낙화암 아래 고란사는 약수가 유명하다. 약수 마시러 사람들이 꼭 들른다.

부여읍 능산리의 백제왕릉원에는 의자왕과 태자 융의 가묘가 있다. 두 사람은 백제 멸망 당시 당나라에 끌려가 사망한 것으로 알려졌다. 연구 끝에 이들의 묘자리로 추정되는 곳에서 흙을 가져와 이곳에 가묘를 만들었다. 한편 백제왕릉원에는 백제 왕족의 무덤으로 추정되는 7기의 능이 모여 있다. 신라 왕릉의 압도적 규모에 비해 이곳 왕릉들은 옹기종기 모여 납작하게 수그리고 있다. 혹자는 이를 두고 "죽음조차 한가롭고 평화롭게 느껴진다"고 표현했다.

부여읍에 있는 정림사지 오층석탑은 백제시대 때의 원형을 간직한 유일한 문화재다. 마치 돌을 나무처럼 잘 잘라서 탑을 만들었다. 또 끝이 살짝 올라간, 탑 지붕의 곡선처리도 돋보인다. 웅장하면서도 몸매가 잘 빠져서 자태가 위압적이지 않다. 탑 한쪽에 대당평백제비(大唐平百濟碑)라는 문구가 있어 이 탑은 당나라 소정방이 백제를 정벌하고 세운 탑으로 한때 잘못 알려진 역사도 가지고 있다.

무왕과 선화공주의 전설이 깃든 궁남지는 왕궁의 남쪽에 있던 연못이다. 634년 무왕이 만들었고 인공연못으로는 국내에서 가장 오래 됐다. 연못 한가운데 포룡정이라는 정자가 있다. 여름이면 연못 주변으로 능수버들 가지가 늘어지고 연꽃이 만발한다. 이곳에선 패망한 나라의 아픔이 많이 무뎌진다. 맑은 날 궁남지의 모습이 아주 평온하다.

가는길 경부고속도로와 천안논산고속도로, 공주서천고속도로를 이용, 부여IC로 나온다. 서해안고속도로와 당진고속도로, 공주서천고속도로를 이용, 부여IC로 나와도 된다. 부여IC에서 궁남지까지는 10분 거리.

맛집 백마강 구드래 선착장 인근에 있는 구드래돌쌈밥(041-836-9259)은 향우정과 함께 부여를 대표하는 맛집이다. 자체 농장에서 유기농으로 제배한 20~30여 가지 채소를 쌈으로 내놓는다. 돌쌈정식은 수육과 조기구이 등이 추가된다.

잠잘곳 백제문화재현단지 옆에 오픈한 롯데부여리조트(041-939-1000)는 특급호텔 수준의 콘도미니엄과 골프장(18홀), 프리미엄 아울렛, 스파빌리지, 롯데어린이월드, 백제테마공원 등을 갖춘 역사문화 테마형 복합리조트로 꾸며질 예정. 이 가운데 호텔과 콘도 등 총 322개 객실을 갖춘 콘도미니엄이 우선 운영 중이다.

#19
백룡동굴

주소 강원도 평창군 미탄면 마하리 산82번지(백룡동굴)
여행적기 사계절(장마철 제외)
주변 여행지 칠족령 · 문희마을 · 동강 · 화암약수 · 정선 레일바이크
문의 미탄면사무소(033-330-2602)

완전한 어둠 속에서 만나는
5억년의 신비

참 사연 많은 동굴이다. 강원 평창의 백룡동굴 말이다. 발견 당시 과정도 그렇지만, 발견 이후 종유석 등 동굴 생성물을 노린 사람들에게 당한 '침탈'의 과정, 그리고 연이은 수몰 위기 등이 여간 드라마틱하지 않다. 자신이 살아온 5억년의 역사보다 인간의 눈에 띈 이후, 불과 30년 남짓한 세월동안 더 기구하고 신산한 삶을 살았던 셈이다. 백룡동굴은 여느 동굴과 달리 한 지역을 제외하고는 일체의 조명을 배제했다. 방문객 또한 탐험 복장을 갖춘 소수의 인원으로 제한할 예정이다. 관광보다는 교육과 탐사에 주안점을 둔, 체험형 동굴로 만들겠다는 뜻이다. 사람으로 인해 생길 수 있는 오염을 최소화하겠다는 뜻도 담겨 있다.

촬영장소 백룡동굴 **촬영팁** 동굴은 어둡기 때문에 저속 셔터 사용이 필수다. 최소한 10초 이상은 줘야 한다. 장시간 노출을 주면 석류나 석순 같은 동굴의 디테일이 살아나고, 랜턴 불빛의 흔들림이 더해져 생동감을 준다.

평창군에 따르면 강원도 정선과 영월 사이 동
강 주변에는 현재 확인된 것만 256개에 달하는 동굴이 있다. 평창 지역에는 딱 절
반인 128개가 분포돼 있다. 백룡동굴은 그 중 하나다.

백룡동굴의 발견 과정은 극적이다. 미탄면 마하리 살던 20세 청년 정무룡은
1976년 5월12일 평소 자주 드나들던 동굴에서 뭔가 이전과 다른 점을 느낀다.

"동굴의 끝이라고 생각했던 곳에 주먹 만한 구멍이 뚫려 있고, 거기에서 시원한
바람이 끊임없이 흘러나오는 거예요. 게다가 천장에 한 가마니 매달려 있던 관박
쥐들이 나를 보고 놀라 달아나는데, 전부 그 조그만 구멍으로 들어가더라고요."

그는 즉시 인근 마을에 살던 사촌 동생 4명을 끌어들여 탐사 작전을 세웠다. 겁
없는 청소년 5명은 1960년대 영화《대탈주》의 포로들처럼 교대로 두께 1m가 넘는
암벽에 구멍을 팠다. 꼬박 사흘이 지난 뒤 마침내 사람 한 명이 간신히 통과할 만한
구멍이 뚫렸다. 오늘날 '개구멍'이라 불리는 곳. 여기까지는 인근 마을 주민들도 흔
하게 드나들었던 것을 감안하면, 실질적인 백룡동굴의 발견이었던 셈이다.

동굴 중심부에 발을 디딘 탐험대의 눈에 경이로운 세상이 펼쳐졌다. 피자에 토
핑된 치즈를 떼어낸 듯한, 여러 갈래 찢어진 종유석과 석순 등 동굴 생성물들은 동
굴 초입에서 보았던 것과는 비교할 수 없는 아름다움을 선사했다. 훗날 천연기념
물 260호로 지정된 백룡동굴이 처음으로 사람에게 속살을 드러내는 순간이었다.

백룡동굴은 동굴을 품고 있는 백운산의 '백'자와 정무룡의 '룡'자가 합쳐진 이름
이다. 전체 길이는 1875m다. 제주도의 동굴을 제외하면 뭍에서는 가장 길다. 동
굴 초입은 평창, 가운데는 영월, 현지인들이 '뒤굴'이라 부르는 끝부분은 정선 땅
에 속한다. 동굴 내부는 주굴인 A지역, 가지굴인 B~D지역으로 구분돼 있다. 공
개된 곳은 A지역. 길이는 785m다. 동굴이 언제 생성됐는지 정확히 밝히기는 어
렵지만, 종유석 등 동굴 생성물들의 나이는 대략 5억년을 넘나든다.

동굴 진입로는 높낮이를 달리하며 백운산 절벽을 에둘러 돌아간다. 철제 지지
대 위로 나무 데크를 깔아 조성했다. 길이는 300m쯤. 그 덕에 예전이라면 동강
건너편에서나 보았을 절경들이 코앞에서 펼쳐진다. 20분 남짓 걷다 보면 동굴 입

백룡동굴 내부 탐사 모습

구에 닿는다. 동굴에서 맨 처음 만나는 것은 오래 전 이곳에 살았던 사람의 흔적이다. 동굴가이드에 따르면 온돌시설과 함께 숯덩이가 발견됐는데, 탄소 측정을 해보니 1800년대 조선시대 것으로 판명됐다고 한다.

온돌 유구에서 한 구비 돌면 햇빛은 한 줌도 남지 않는다. 손전등과 헬멧에 붙은 헤드랜턴의 조그만 불빛을 제외하면 완벽한 어둠의 세상이다. 50대 농부가 된 정무룡이 요즘 청소년이었다면 영화 《반지의 제왕》 속 모리아광산에 들어선 것 같은 느낌이었을 게다. 어둠속 저편에는 영화 속 괴수 발로그가 튀어 나올 것 같은 팽팽한 긴장감이 흐른다. 그러나 랜턴 불빛이 닿을 때면 동굴은 어김없이 빼어난 형상의 동굴 생성물들을 보여준다.

일부 지역 바닥에는 물이 고여 있다. 《백룡동굴 종합학술조사 보고서》에 따르면 물에 서식하는 화석동물 옛새우 등 모두 56종의 생명체가 동굴에 기대 살아가고 있다. 물은 동강의 수위 변동과 높낮이를 함께 한다. 따라서 장마철 등 동강 수위가 상승하는 시기엔 동굴 출입이 제한된다. 1991년 논란이 거셌던 동강댐이 예정대로 건설됐다면 필경 백룡동굴도 세상에 알려지지 못한 채 수몰되고 말았을 터다.

'개구멍'을 낮은 포복 자세로 지나고 나면 기이한 풍경이 속도를 내기 시작한다. 한반도에서 가장 크다는 동굴 커튼과 방패형 석순, 베이컨 시트, 유석(流石) 등 15종에 달하는 다양하고 거대한 동굴 생성물들이 연이어 펼쳐진다. 여느 동굴

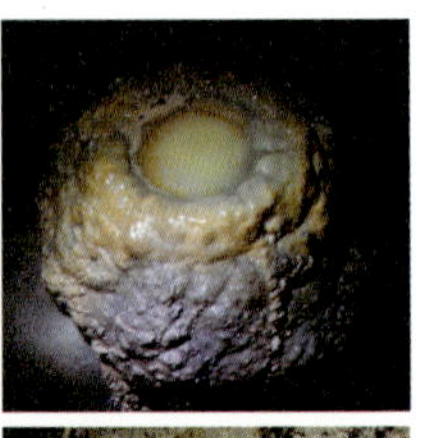

백룡동굴에 있는 다양한 종류의 동굴 생성물

과 달리 이들은 아직 이름이 없다. 여태 공개되지 않았던 탓이다. 저마다 이들에게 이름 하나씩 지어주는 건 어떨까.

백룡동굴은 1979년 천연기념물로 지정됐다. 그러나 그 이후에도 종유석을 떼어가는 등 사람들의 훼손행위는 이어졌다. 대표적인 것이 이른바 남근석이라 불리는 원통 모양의 종유석 도난사건이다. 1997년 11월, 남근석이 잘려져 외부로 반출된 사건이 언론에 공개됐고, 이는 백룡동굴 보호 여론을 들끓게 하는 결정적인 계기가 됐다. 남근석은 치과적 봉합수술을 거쳐 2002년 완벽에 가깝게 복원됐다. 하지만 지금도 동굴 곳곳에는 잘려진 종유석의 흔적과 반출하려다 내팽개친 석순 등이 그대로 남아 있다.

백룡동굴에 조명시설을 설치하지 않은 까닭은 이른바 녹색오염을 경계해서다. 관계자에 따르면 빛이 들기 시작하면 이끼류 등이 자라게 되고, 이 때문에 동굴 원형이 변질될 수도 있다. 또 사람의 맨손이 닿으면 손에 있던 유기물들이 암석에 옮겨져 흑색으로 변질되는 흑색오염도 각별히 주의해야 한다. 쉽게 말해 눈으로만 보고, 이동할 때도 머리 바로 위의 종유석이 다치지 않도록 조심하라는 뜻이다. 탐사객이 딛고 선 바로 그 자리가 천연기념물이기 때문이다.

동굴 끝은 너른 광장이다. 가장 완전한 형태를 갖췄다는 에그 프라이형 석순 등 다양한 동굴 생성물들과 만날 수 있는 곳이다. 여기쯤 오면 힘든 탐사 과정에도 불구하고 그다지 땀을 흘리지 않았다는 것을 문득 깨닫는다. 이것은 동굴 기온이 평창 지역의 연평균 기온인 14도를 늘 유지하기 때문이다.

탐사객들은 광장에서 '완전한 어둠'을 체험한다. 가이드의 안내에 따라 일제히 랜턴을 끄는데, 털끝만큼의 빛도 없는 암흑과 절대 고요의 세계가 펼쳐진다. 몇 분이 지난 뒤 하나 둘 조명이 들어오기 시작하면, 동굴도 꼭 그만큼의 절경들을 내보이기 시작한다.

여행메모

가는길 중앙고속도로 주천IC로 나와 평창 방면 88번 지방도 → 82번 지방도 → 42번 국도 → 미탄, 혹은 영동고속도로 장평IC → 31번 국도 → 평창 → 42번 국도 → 미탄 순으로 간다. 미탄에서 백룡동굴은 12km 거리.

맛집 마하생태체험관광지로 지정된 까닭에 민박집 외엔 음식점이 없다. 미탄면 소재지에서 먹고 가야 한다. 미탄면 창리 대림장(033-332-3844)은 막국수와 게장백반(9000원) 등으로 입소문난 집이다.

잠잘곳 백룡동굴 초입 문희마을과 어름치마을(www.mahari.kr) 등에 민박집이 몰려 있다. 인근에 기화천 등 빼어난 계곡이 많아 피서지로도 인기가 높다. 동강레포츠(033-333-6600)는 래프팅 등 레포츠 프로그램을 함께 운영하고 있다.

볼거리 백룡동굴 체험은 1회 15~20명, 하루 9회 운영된다. 예약은 홈페이지(cave.maha.or.kr)를 통해 받으며, 10% 정도는 현장 판매한다. 체험료는 어른 1만5000원, 청소년 1만원. 체험복과 장화, 헬멧 등 장비는 백룡동굴관리사무소에 마련돼 있다. 샤워시설도 갖춰져 있다. 다만 식수와 무릎·팔꿈치 보호대 등은 준비해 가는 게 좋겠다. 기관지가 약한 사람의 경우 석회 먼지를 막을 마스크를 준비하는 것도 잊지 말자. 관리사무소(033-334-7200)

#20

수우도

주소 경남 통영시 사량면 돈지리
여행적기 4월초~11월초
주변 여행지 사량도 · 다솔사 · 남일대해수욕장 · 사천 실안 해안도로
문의 사량면사무소(055-650-3620)

시간도, 풍경도 정지된
외딴섬에서 보낸 한나절

발바닥이 간질간질한 수직의 암봉 끝에 섰다. 바다쪽으로 둥근 머리를 길게 내민 바위는 마치 거대한 고래와도 같아 보여서 금시라도 분수처럼 힘차게 물을 뿜고 몸을 뒤채면서 깊은 바다 속으로 자맥질할 것 같다. 길은 줄곧 이런 빼어난 절경을 따라 이어진다. 걸음을 재게 놀리지 않아도 된다. 숨이 차면 이제 막 여린 새 잎을 낸 동백 숲 그늘에서 쉬기도 하고, 바위에 누워서 떠가는 구름을 보며 휘파람도 불어보고, 먼 바다로 나가는 어선이 바다 위에 그려내는 포말을 오래오래 바라보기도 한다. 배가 닿지 않는 섬에서의 시간이 어쩌면 이리도 마음을 평안하고 여유롭게 하는지….

# #

카메라 니콘 D3
렌즈 니콘 24~70mm
감도(ISO) 200
셔터 스피드 1/125
조리개 F 14
촬영장소 소우도 은박산 능선
촬영팁 섬처럼 정지된 느낌의 풍경에서는 움직이
는 피사체를 넣어 찍는 게 심심하지 않다. 여유를
두고 기다리다 배가 다가오는 순간을 놓치지 말아
야 한다. 원경으로 섬을 배치하는 게 구도 상으로
알차다.

삼천포항에서 뱃길로 2시간 남짓. 그
곳에 아름다운 섬 수우도(樹牛島)가 있다. 질러가면 40분이면 되는 거리지만, 이른
새벽 출항한 낡은 여객선 일신호는 좀처럼 서두는 기색이 없다. 마치 느긋한 유람
이라도 나선 듯 수우도 앞 사량도의 상도와 하도포구를 천천히 들고 나면서 2시간
이 걸려서야 선심이라도 쓰듯 수우도 선착장에 가닿았다.

나무가 많은데다 생김새가 소와 같아서 이름이 붙여졌다는 수우도는 자그마
한 섬이다. 배를 타고 섬 한 바퀴를 도는 데 걸리는 시간은 20분 남짓. 섬을 둘러
친 산의 능선을 다 타고 넘어도 2시간 안쪽이면 충분한 곳이다. 섬마을은 더 작
아서 바위틈의 따개비처럼 산 능선 틈 사이에 옹색하게 자리잡고 있다. 주민들
은 스물한 가구에 서른다섯 명 남짓. 너댓 명을 빼고는 대부분 환갑이 훨씬 넘은
노인네들이다.

수우도에 도착했을 때 배에서 내린 승객이라곤 섬 안의 자그마한 발전소에서
일한다는 청년 한 명이 전부였다. 객선을 마중 나온 할머니 하나가 일신호 선장에
게서 우편 행낭 하나를 익숙하게 받아 들었다. 우편물을 받는 건 원래 마을 이장
의 일이었겠지만, 따지고 보면 고작 스물한 가구가 사는 섬에서는 애초부터 어떤
일이 누구 몫의 일인지를 가리는 일 따위는 의미가 없을 터. 그저 손이 비는 사람
이 받아들면 그만인 것이다.

어디 일에 관한 것뿐일까. 수우도에서는 마치 물건도 다 공동 소유처럼 보였
다. 예를 들어 외지인이 물 한잔을 청하면, 주민들은 가까운 아무 집에나 제 집처
럼 서슴없이 들어가서 물을 떠오는 식이다. 다닥다닥 붙어선 수우도의 집들은 대
부분 아예 대문이 없었고, 문이 달린 집이라 해도 그 문의 역할은 닫는 데 있는 것
이 아니라, 여는 데 있는 것처럼 보였다.

이렇게 너나없이 트고 사는 것이 수우도 사람들의 생활 방식이니, 수우도에 당
도하거들랑 일찌감치 섬을 찾은 이유부터 이야기하는 게 낫겠다. 그러지 않는다
면 나른하고 무료한 좁은 섬 생활에 지친 할머니들의 집요한 시선을 오래도록 받
는 것쯤은 각오해야 한다. 간혹 울긋불긋 등산복을 갖춰 입은 등산객들이 찾아들

긴 하지만, 아직도 수우도의 선착장에 외지인이 내리는 것은 섬사람들에게는 익숙하지 않은 풍경이다.

작은 섬 수우도에서의 시간은 육지에서의 시간과는 사뭇 다르다. 여객선이 하루에 두 번 닿으니 첫 배로 섬에 발을 디뎠다면, 막배가 오기 전 7시간 동안은 섬에서 벗어날 수 없다. 아무리 짧게 머문다 해도 섬에서 주어진 시간은 7시간. 넉넉하게 주어진 시간만큼 섬에서의 시간은 느릿느릿 흘러간다.

수우도 은박산 능선길

수우도에서는 트레킹이 제격이다. 은박산의 능선을 따라 암벽으로 둘러친 둘레를 일주하는 코스다. 주의사항이 있다면 되도록 천천히 가야한다는 것. 그래야 하릴없이 선착장에서 배를 기다리는 시간을 줄일 수 있기 때문이다.

수우도의 트레킹 코스는 다른 섬들이 갖지 못한 독특한 매력을 갖고 있다. 수우도 트레킹의 최고 매력이라면 섬을 둘러친 육중한 해벽(海壁) 위를 걷는 맛이다. 한려수도의 풍광에 취한 채 해벽에 걸터앉아 150m가 넘는 깎아지른 벼랑 저 아래 청색 바다를 내려다보노라면 발바닥이 간질간질해진다.

수우도의 북서쪽부터 남동쪽 해안은 온통 해식애가 발달된 암석해안이다. 수우도의 능선을 따라 도는 길은 줄곧 숲과 암석의 경계선에 그어져 있다. 능선의 안쪽은 짙은 동백과 소사나무 숲이고, 바깥 바다 쪽은 은빛 바위다. 은박산이란 이름도 어쩌면 반짝이는 암석해안이 '은박'처럼 보여 붙여진 것이 아닐까. 암석해안은 갖가지 형상을 하고 있다. 바다쪽으로 머리를 길게 빼고 있는 웅장한 바위는 갈데없는 고래 모습이라 고래바위란 이름이 붙었고, 한쪽 해안에는 바위벽에 구멍이 숭숭 뚫려 해골바위라고 불린다. 고래바위 앞의 삼각형 모양의 작은 섬은 매바위다. 모두 다 그럴듯하지만, 이런 이름들은 근래 들어 삼천포항에서 출항한 유람선이 간혹 이쪽을 들르면서 관광 가이드들이 지어 붙인 것들이다.

이렇듯 바위마다 하나씩 이름까지 붙여줄 정도로 빼어난 경관을 갖고 있으면서도, 수우도는 왜 잘 알려지지 않았을까. 수우도는 경남 사천의 삼천포항과 가깝고 생활권도 사천이지만, 행정구역상으로는 통영에 속한다. 통영시 입장에는 관광지로 홍보를 한다고 해도 관광객이 사천의 삼천포항에서 들고나면서 돈을 쓸 터이니 그다지 득이 될 게 없겠고, 사천시 입장에서는 제 땅을 두고 남의 땅의 관광지를 개발하거나 홍보할 이유가 없으니 말이다. 여기다가 수우도 바로 곁에 떠 있는 망지리산을 가진 사량도의 명성에 가린 탓도 크겠다.

가는길 사천까지는 대전통영고속도로를 타고 가다 진주갈림목에서 남해고속도로로 갈아타고 순천 방면으로 향하다 사천IC에서 내리면 된다. 수우도를 가려면 삼천포항으로 가야한다. 삼천포항에서 수우도가는 배는 하루 두 번. 오전 6시 30분과 오후 2시 30분에 있다. 삼천포항에서 수우도까지 바로 가면 40분이면 족하지만, 오전 6시 30분에 출발하는 배는 사량도의 금평, 돈지 등을 거쳐서 배를 바꿔 타고 가므로 2시간 남짓이 걸린다. 오후 2시 30분 배는 수우도를 먼저 들렀다가 사량도를 거쳐 가니, 40분이면 도착한다. 수우도 주민들이 민박을 치고 있지만, 굳이 섬에서 숙박을 하기보다는 오전 배를 타고 들어갔다가 오후 3시30분 배를 타고 나오는 게 더 낫다. 일신해운(055-832-5033, 011-571-5033)

맛집 삼천포 팔포매립지에는 해안을 끼고 있는 횟집이 즐비하다. 곁들이 음식들을 내놓는 본격 횟집들인데, 저렴하게 회를 양껏 먹고 싶다면 이곳보다는 사천파출소 부근부터 삼천포어시장 이르는 길에 늘어선 횟집거리를 가는 편이 낫다. 식당 앞 좌판에서 횟감을 골라, 건너편 식당에서 양념값을 내고 먹는 방식이다. 봄에 가장 맛이 좋은 것은 도다리. 뼈째 썰어내는 도다리 세꼬시의 맛이 달다. 1kg에 3~4만원선. 사천은 냉면으로도 유명하다. 사천읍 수석리의 재건냉면(055-852-2132)이 그중 알려진 곳. 전통적인 평양냉면의 메밀면이 아니라 전분함량이 높은 쫄깃한 면을 쓴다. 육전과 배, 오이 등을 듬뿍 얹어준다. 새콤달콤하게 입에 착착 감기는 맛이 아니라, 묵직한 맛에 가까워 사람마다 평가가 크게 엇갈린다.

잠잘곳 삼천포해상관광호텔(055-832-3004)은 삼천포대교 아래 실안해안도로변에 있어 사천팔경 중의 하나라는 실안낙조를 볼 수 있다. 인터넷 호텔 예약사이트 등을 이용하면 바다전망의 객실을 주중 8만5000원, 주말 9만4000원에 예약할 수 있다. 삼천포항 인근 노산공원쪽의 팔포매립지에는 새로 들어선 모텔들이 바다를 끼고 불야성을 이루고 있다. 1박 3만5000~4만원선.

#21

봉화

주소 경북 봉화군 소천면 임기리 1147−1(임기역)

여행적기 9월 중순~하순

주변 여행지 닭실마을 · 석천계곡 · 승부역 · 각화사 · 서벽마을 · 오전약수 · 부석사(영주)

문의 봉화역(054−672−7788), 소천면 주민센터(054−672−7300)

소금을 뿌려놓은 듯 펼쳐진
메밀밭의 아찔한 꽃멀미

봉화라고 한다. 경북의 대표적인 오지를 일컫는 이른바 'BYC'(봉화·영양·청송) 중 한 곳이다. 그런데 봉화, 참 두고두고 곱씹을 만한 풍경을 숨겨둔 곳이다. 그리 넓지 않은 고을인데도 살피면 살필수록 빼어난 풍경을 내준다. 여름 끝자락, 봉화에서 가장 앞줄에 서는 볼거리는 메밀꽃이다. 두음리에서 임기리에 이르기까지, 꽃멀미가 날 만큼 메밀꽃밭이 펼쳐졌다. 그뿐 만이 아니다. 기차 여행자에겐 로망과도 같은 승부역이 있고, 영화《워낭소리》촬영지로 알려진 산정마을도 새로운 여행지로 각광받고 있다.

카메라 니콘 D3 **렌즈** 70~200mm **감도(ISO)** L 1.0 **셔터스피드** 1/125 **조리개** F11
촬영장소 임기리 **촬영팁** 메밀꽃은 무리 지어 필 때 아름답다. 특히, 얕은 구릉을 따라 이어지는 물결을 살릴 수 있으면 좋다. 메밀꽃 속에, 혹은 뒤에 배경처럼 농가나 나무 등을 배치하면 시골의 향수를 살릴 수 있다.

봉 화 로 가 는 길 은 그야말로 '산 넘어 산'이다. 요즘에야 중앙고속도로가 뚫리는 등 예전처럼 궁벽하지 않다고는 하나, 물리적 거리 못지않게 심리적 거리 또한 여전히 먼 게 사실이다. 들고 나는 게 불편한 만큼 봉화를 여행하기 위해선 느긋한 마음이 필요하다. 서둘러서는 봉화의 참맛을 알기 어렵다.

가을이 되면 전국 이곳저곳에서 꽃축제를 연다. 잘 가꿔진 꽃축제장이 아름다운 것은 당연한 노릇. 그런데 예쁘긴 하나 어딘가 허전함을 지울 수 없다. 사람 냄새, 날것과 부딪치고 어우러지며 살아가는 농부들의 냄새가 없기 때문이다. 봉화의 메밀꽃밭은 다르다. 펄떡펄떡 살아 숨쉬는, 날것 그대로의 메밀꽃밭과 만날 수 있다. 외형을 가꾸는 데 공을 들이지 않았는데도 빼어난 조형미를 느낄 수 있는 것은 애면글면 노고를 마다하지 않은 농부의 손길 덕일 터다.

'억지춘양'이란 말을 낳은 춘양면 소재지를 지나 31번 국도를 타고 영양 방면으로 달리다 보면 낙동강을 가로지르는 임기교와 만난다. 다리 초입에서 소천면 임기리 이정표를 보고 좌회전해 들어가면 두음리다. 산자락을 한 굽이 돌면 탄성부터 터져 나온다. 누가 이처럼 어여쁜 마을을 세상 끝자락에 숨겨 놓았을까. 온 산에 소금을 뿌려놓은 듯 메밀꽃이 한창이다.

멀리서 보는 것도 좋지만, 마을 구석구석을 돌며 만나는 풍경 또한 더없이 아름답다. 대추나무, 감나무와 어우러진 모습이며, 다랑이논에서 누렇게 익은 벼와 층층이 어깨를 맞댄 자태가 소박하고 서정적이다. 성미 급한 녀석은 어느새 농가 담장 위까지 웃자랐다. 이런 곳에서 사진 한 장 찍는다면 누군들 '사진작가' 소리 듣지 않을까.

메밀꽃의 향연은 임기리 감전마을에서 절정에 달한다. 산골마을 언덕배기를 잇고 있는 메밀꽃밭이 15리(약 6km)에 걸쳐 펼쳐져 있다. 찌르르한 전율이 온몸을 훑고 지나간다. 필경 메밀꽃들의 빛나는 아우성에 감전된 것일 게다.

봉화에는 왜 이런 곳에까지 사람이 들어와 살게 됐을까 싶을 만큼 오지가 많다. 대표적인 곳 중 하나가 석포면 일대. 특히 영동선 승부역 가는 길에서는 오지

임기리의 메밀밭

여행의 진수를 느낄 수 있다. 승부역은 '하늘도 세 평 꽃밭도 세 평'이란 표현처럼 옹색하기 이를 데 없는 곳이다. 그러나 풍경만큼은 거대하다. 한국관광공사가 선정한 '낙동강 원류길' 중 백미로 꼽히는 것도 그런 까닭이다. 불과 10여 년 전만 해도 승부역에서 인적을 찾기 어려웠다. 하지만 관광지로 알려지고 부터는 제법 오가는 사람이 늘었다. 번듯한 펜션도 생겼다.

승부역 가는 길은 석포역에서 시작된다. 강을 사이에 두고 줄곧 철길과 나란히 달린다. 강 위로는 백로와 왜가리가 날고, 이따금 화물열차가 거친 숨을 내쉬며 험준한 산자락을 타고 달린다. 그야말로 원시의 풍경이다. 좁은 협곡 사이로 이어지던 길은 승부리에서 처음으로 마을을 만난다. 주민이라고 해봐야 채 20가구도 못되는 한적한 마을. 태백산 자락인 비룡산과 오미산 등 해발 1000m가 넘는 산들에 둘러싸인 자태가 꼭 육지 속 섬마을을 연상하게 한다.

여기서 팁 하나. 오렌지꽃 향기는 바람에 날리고(070-4193-6857)란 이름의 찻집에 꼭 들러 보시길. 명호면 만리산 자락에 걸개그림처럼 매달려 있는데, 봉화의 자랑인 청량산이 한눈에 들어온다. 차 한 잔 마시며 보기엔 사치스럽다고 느낄 만큼 풍광이 빼어나다. 대구에서 귀농한 부부가 운영하는 곳으로, 펜션을 겸하고 있다. 솔순차와 잡초밥 등 메뉴도 독특하다. 청량산도립공원 못미처 오마교를 건넌 뒤 산자락을 에둘러 돌아가야 만날 수 있다.

승부역 가는 철길과 낙동강(왼쪽), 산정마을 《워낭소리》 촬영지(오른쪽)

　　상운면 하눌2리 산정마을은 최근 인기를 얻고 있는 곳이다. 지난해 독립영화 신드롬을 불러일으켰던 영화 《워낭소리》 촬영지. 영화의 인기를 등에 업고 지난해 무려 7만명이 다녀갔다. 영화에 출연했던 노부부의 사생활이 철저하게 파괴된 것은 필연적인 수순.

　　어쨌거나 그 덕(?)에 노부부의 주변 환경은 많이 달라졌다. 집 앞에 번듯한 공원이 생겼고, 최 할아버지와 암소 누렁이를 묘사한 조각상도 세워졌다. 집까지 가는 언덕길 또한 말끔하게 포장됐다. 평소 일 나가는 밭에는 그럴싸한 원두막에 냉장고까지 마련됐다. 30년간 할아버지와 동행했던 누렁이도 생전 풀 깨나 뜯어 먹었을 야산 자락에 묻혔다. 비록 활개를 치지는 않았으나, 사람의 무덤처럼 봉분도 조성됐고, 그 앞에 큼직한 조형물도 세웠다.

　　하지만 노부부의 실제 생활은 그리 바뀌지 않은 듯하다. 누군가 선물했을 등산용 스틱 대신 여전히 나무지팡이를 쓰고, 누렁이가 끌던 수레도 그대로다. 밤에는 끙끙 앓는 소리를 하면서도, 새벽이 되면 언제 그랬냐는 듯 노부부는 수레를 타고 함께 밭일을 나간다. 수십 년 전 어느 날의 아침이 그랬듯 말이다.

여행메모

가는길 중앙고속도로 영주IC로 내려선 뒤 봉화·울진 방면 36번 국도를 따라 내처 달리면 된다. 풍기IC에서 빠지면 5번 국도 → 영주 → 36번 국도 → 봉화 순으로 간다. 봉화군청 문화관광과(054-679-6341)

맛집 봉성면 봉성리에 봉화 토속음식인 돼지숯불구이단지가 조성돼 있다. 2인분 1만4000원. 용두식당(054-673-3144)은 송이돌솥밥으로 소문난 집. 1만5000원~2만원. 능이돌솥밥은 1만원. 동양리에 있다.

잠잘곳 청옥산자연휴양림(www.huyang.go.kr · 054-672-1051)에 콘도형 산림문화휴양관과 산막형 숲속의 집이 조성돼 있다. 4인실 기준 비수기 3만2000원, 주말과 성수기(7~8월) 5만5000원. 낙원장여관(054-673-2351) 등 읍내 숙박업소는 3만원.

볼거리 닭실마을은 500여 년 동안 한과를 만들어 온 안동 권씨 집성촌. 충재 권벌 종택과 청암정 등 고풍스런 건물들이 많다. 마을 뒷편 석천계곡도 둘러볼 것. 유곡리에 있다. 청옥산자연휴양림과 백천계곡, 태백산 사고지와 각화사, 춘양면 서벽마을 등도 볼 만하다.

#22
태안사

주소 전남 곡성군 죽곡면 원달리 20(태안사)
여행적기 5월 초~11월 중순
주변 여행지 압록·섬진강 기차마을·심청마을·지리산 화엄사·선암사
문의 태안사(061-362-4906), 곡성군청 문화관광과(061-360-8224)

그곳에서는 사람도 풍경이 되어 쉬고 싶다

언제부터일까. 우리 땅의 아름다운 풍경에 대한 최고의 상찬(賞讚)이 '외국 같다'는 말이 되고 말았다. 대관령의 양떼목장이나 거제의 외도가 스테디셀러 여행지가 된 것도 따지고 보면 외국 같은 풍경 탓이다. 하지만 이런 곳은 화려할지언정, 보는 이의 마음까지는 건드리지 못한다. 반면 '우리 풍경'은 유년 시절의 과거와 아련한 추억을 건져 올린다. 개인적인 경험이나 추억이 깃들어있지 않다고 해도, 그런 풍경 앞에 서면 마음이 먼저 따듯해진다. 아름다운 우리 풍경을 만났을 때, 아름답다는 감상보다는 뭉클한 마음이 먼저 드는 것은 바로 이 때문이다. 전남 곡성의 보성강과 태안사. 옛 추억이 절로 길어 올려지는 곳이다. 보성강은 오래 전 유년 시절의 강을 기억 속에서 되살려 내고, 태안사는 고즈넉하고 순한 길의 전형을 꺼내 보여준다.

# #

카메라 소니 R1
렌즈 28～120mm
감도(ISO) 400
셔터 스피드 1/30
조리개 F11
촬영장소 태안사 능파각
촬영팁 절집의 고즈넉한 분위기를 담으려면 프레임 안에 인물을 넣어야 제격. 절이니 스님이 제격임은 말할 나위없다. 분위기를 보여주는 게 목적이므로 인물은 작게 담는 것이 요령. 인물이 커지면 전체적인 분위기보다 인물에게 시선이 가게 마련이다.

이 땅 에 서 잃 어 버 리 고 말았던 강의 원형을
고스란히 간직하고 있는 곳. 그곳이 바로 남도 땅 보성을 휘감으며 구불구불 흘러
가는 보성강(대황강)이다. 보성강은 짧지만 '우리 강'의 모습 그대로다. 구불구불
천천히 흘러가는 그 강에는 강둑 아래 풀밭에서 느긋하게 풀을 뜯는 소가 있고,
꽥꽥 소리를 질러대며 천렵을 하는 몇 무리의 아이들도 있다. 허름한 낚싯대를 드
리운 채 그늘 아래 낮잠이 든 촌로도 있고, 저물녘 강물에 삽을 씻는 농부도 있다.
강변은 짙은 숲들로 가득 차 있고, 다른 강에서는 다 베어져버린 미루나무도 높게
가지를 치켜들고 성성하게 살아있다. 하루하루 여름으로 다가가면 평화로운 이
강가는 매미소리로 가득 찬다.

섬진강의 아름다움이야 익히 듣고 또 봐서 알지만, 그 섬진강에 물을 보태는
보성강에 대해 아는 이들은 거의 없다. 보성강은 한 세대 전쯤의 옛 강변의 풍경
이 그대로 남아 있다. 그런 정취를 굽어볼 수 있는 원두막이 보성강변 곳곳에 서
있다. 원두막의 바닥은 쪼갠 대나무로 짜여 있어 바람이 솔솔 든다. 신록이 우거
진 나무 그늘 아래 이 원두막에 눕는다면 솔솔 스미는 바람에 금방 낮잠이라도 들
어버릴 것 같다.

태안사로 가 닿는 길은 이런 아늑한 강변을 따라서 간다. 태안사의 일주문은
절 입구에 있지만, 절집으로 향하는 마음속의 문은 보성강 입구에서 이미 들어선
것이나 마찬가지다. 보성강을 만나면 불상이나 풍경소리가 없어도 산문을 들어
선 듯 벌써 마음이 따스해지고, 편안해지기 때문이다.

태안사로 가는 숲길을 한마디로 표현하자면 '유순하다'. 숲은 하늘이 안 보일
정도로 울창하고, 길옆을 따라붙는 계곡은 깊어 대낮에도 어둑어둑하다. 절 입구
부터 일주문까지 포장되지 않은 산길은 한없이 부드럽다. 초록이끼로 가득한 계
곡을 흐르는 물은 많지도, 또 적지도 않아 돌돌거리며 내려가는 물소리가 마치 독
경소리 같다. 우르릉거리며 소리를 집어삼키는 계곡 물소리를 가진 절과는 다르
다. 그저 유순할 뿐이다. 누군가 이 길을 둘이 조곤조건 이야기하며 걷는다면, 말
소리 사이에 물소리가 깔리되 이야기는 방해되지 않을 정도다.

이렇듯 순한 산길은 걸어야 제 맛이다. 가파르지 않고, 곧지 않은 길을 천천히 타박타박 걸어서 오르는 것은 태안사를 제대로 만나기 위함이다. 매표소부터 일주문까지 거리는 1.8km. 사람들은 그 길을 좀 덜 걸어보겠다며 악착같이 차를 타고 오르지만, 그건 태안사의 아름다움을 절반쯤 포기하는 것이나 마찬가지다. 태안사 일주문 들어서 만난 스님에게 손을 모으고 "절에 이르는 길이 참 걷기 좋습니다" 했더니, 스님은 "요즘은 그렇게 걸어서 들어오는 사람들이 없답니다"라고 했다. 그리고 보태는 말. "길이 좋아도 걷는 사람이 없다면, 그 길을 만나지 못하지요." 고개가 절로 끄덕여졌다.

태안사로 오르는 길에는 계곡을 건너는 다리가 많다. 속세의 미련을 버리지 못했다면 돌아가라는 귀래교(歸來橋), 마음을 씻으라는 정심교(淨心橋), 세속의 번뇌를 씻고 지혜를 얻으라는 반야교(般若橋), 깨달음을 얻어 도를 이루는 해탈교(解脫橋). 하나하나 다리를 건널 때마다 다리의 이름을 되뇌며 내 안에 버려야 할 것들을 생각해보게 한다.

네 개의 다리를 건너서 만나는 마지막 다섯 번째 다리가 능파각(凌波閣)이다. 다리인 듯 싶으면서도 정자인 듯, 정자인 듯 싶으면서 다리인 곳. 계곡 양쪽의 바위에 두 개의 큰 통나무를 걸쳐놓고 그 위에 기둥을 세워 지었다.

보성강변에서 평화롭게 풀을 뜯는 소

돌계단이 부드럽게 휘어지는 태안사 산문

능파각을 다리 겸 정자로 만든 이유는 무얼까? 다리 위에 걸터앉아 계곡 아래로 흐르는 물을 내려다 보기위해 세워놓은 것은 아닐까. 산사를 찾아 마음을 씻을 일이 많은 사람이라면, 능파각에서 머무는 시간이 길어질 법하다. 미련도 욕심도 없이 가볍고 우아하게 걷는 신선의 걸음거리를 '능파'라고 한단다. 능파각 위에서 오래도록 앉아 있다보면 그 능파의 걸음걸이를 닮을 수 있을까.

절집을 들어서는 일주문. 그 문으로 드는 길은 이끼가 낀 낮은 돌계단 길이다. 절집을 향해 걷는 오솔길의 끝. 돌계단 길이 살짝 왼편으로 휘어져 있어 일주문이 눈에 들어오지 않는다. 동리산 태안사. 거의 일주문 앞에 당도했을 때야 고색창연한 문에 매달린 현판이 눈에 들어온다. 태안사의 아름다움을 순서대로 점수를 매기자면, 초록 이끼로 무성한 돌계단 길이야 말로 능파각과 1,2등을 다툴 만하다. 하지

만 차를 타고 오는 사람들은 일주문과 절집사이의 중간 길로 바로 접어들어 일주문
의 운치를 보지 못한다. 이 길 역시 눈 밝은 이에게만 제 모습을 보여줄 뿐이다.

　태안사에는 또 누구든 고개를 조아리지 않으면 들어갈 수 없는 문이 있다. 나
를 낮추지 않으면 들어설 수 없는 문. 동리산 자락에 구산선문을 일으킨 혜철의
법신을 모신 부도탑으로 오르는 계단 끝에 서 있는 배알문이다. 고승의 부도탑 앞
에서도 고개를 숙이지 않던 위세당당한 사람들이 머리를 조아릴 수밖에 없도록
낮게 만든 문이다. 낮은 자리에서 서서 고되고 천한 일을 내가 하는 하심(下心)을
가르치는 문. 태안사에 배알문이 있음을 소개해준 지인은 "그 문을 들어서면 하
찮은 미물에게도 절할 수 있는 마음이 생긴다"고 했다.

　그러나 아쉽게도 그 문은 몇 해 전에 기둥과 지붕이 통째로 바뀌었다. 나무가
썩어 들어가 무너질 위험이 있어 새로 손을 봤다는데, 말끔하게 정돈된 배알문의
정취는 들던 것보다 훨씬 못해보였다. 초라하고 허물어졌지만 진심이 깃들어 있
었을, 지금은 없는 이전의 배알문을 마음속에 그려볼밖에….

가는길 보성강을 찾아가려면, 아늑한 강변길을 오래 따라 들어가야 만나는 고요한 절집 동리산 태
안사를 목적지로 삼는 것이 적당하지 싶다. 호남고속도로로 석곡IC에서 내려 죽곡 방면으로 향하
면 보성강을 끼고 가는 강변길이다. 죽곡을 지나 18번 국도를 타고가다 태안교를 넘어 월등면 쪽
으로 꺾어지면 태안사를 만난다.

맛집 보성강 인근의 맛집이라면 석곡식당(061-362-3133)을 첫손으로 꼽을 수 있다. 석곡은 호
남고속도로가 놓이기 전에는 광주와 여수, 순천 등을 오가는 버스며 화물차들이 모두 거쳐 가던
곳이다. 석곡식당은 이런 석곡에서 이름을 날리던 식당이다. 대표메뉴는 돼지고기 석쇠구이. 부드
러운 육질에다 칼칼한 양념과 훈제향이 잘 어우러진다.

잠잘곳 태안사 주변에는 잠잘 곳이 없다. 보성강과 섬진강이 만나는 압곡으로 가면 여관과 민박이
있다. 아예 좀 더 멀리 가서 지리산 화엄사나 구례읍에 잠자를 정하는 것도 방법이다.

#23
포천

주소 경기 포천시 일동면 유동리 441(뷰식물원)

여행적기 4월 말~6월 말

주변 여행지 아트밸리 · 뷰식물원 · 허브아일랜드 · 평강식물원 · 유식물원 · 뷰식물원 · 비둘기낭 폭포 ·
백운계곡 · 산정호수 · 운악산 · 명성산

문의 아트밸리(031-538-3484), 포천시 문화관광과(031-538-2068)

물소리, 꽃향기 짙은
달콤한 여름날의 소경

생각해보면 비도, 바람도 문제가 되지 않던 날들이 있었다. 그저 앞으로 달릴 수 있고 누군가를 사랑할 수 있었기에 마냥 좋았던 날들…. 그 땐 그랬었다. 살자고, 살아보자고 죽어라 살지 않아도 시간은 잘도 흘러갔던 그런 날들…. 그 날을 추억하는 것은, 어쩌면 우리가 오늘을 살아내는 큰 버팀목이 되고 있는지 모를 일이다. 포천의 식물원들과 아기자기한 체험거리들을 접하면서 흩어진 동경(憧憬)의 조각들이 조금씩 제자리 찾아가고 있는 것을 느낀다. 물소리, 꽃향기 짙은 기분 좋은 오후의 소경(小景)들.

카메라 니콘 D3 렌즈 니콘 50mm 감도(ISO) 200 셔터스피드 1/800 조리개 F8 촬영
장소 뷰식물원 촬영팁 소풍 온 여학생들이 선생님과 사진 촬영을 즐기는 모습이 보기 좋
았다. 스승과 제자의 끈끈한 정(情)이 아쉬운 요즘이라 더욱 감회가 새로웠다. 활짝 핀, 빨간
양귀비꽃이 풍경을 더 아름답게 만든다. 학창시절 아련한 추억이 아지랑이처럼 스멀스멀
피어오르는 기분 좋은 오후가 그곳에 있었다.

　　　　　　'가봤어? 가보지 않았으면 말을 하지 마시
라니까.' 꼭 포천을 두고 하는 말 같다. 구석구석에 볼거리와 즐길거리가 숨어 있
다. 서울에서 1시간 30분이면 간다. 당일 나들이 장소로 제격이다. 가족끼리, 연
인끼리 취향대로 골라서 놀아보시라.

　신북면 기지리 독곡마을의 천주산(400m) 중턱에 있는 아트벨리는 환경친화적
으로 조성된 문화예술공간인데, 깎아지른 절벽 사이에 청명한 호수가 있는 풍경
이 예사롭지 않다.

　조성과정이 재미있다. 포천은 예부터 화강석이 유명했다. 서울역사, 독도의
비석 등도 포천 화강석으로 만들었단다. 양질의 화강석이 일정 지역에 다량으로
묻혀 있어 채굴이 쉽고, 서울과도 가까워 채굴업자들이 포천으로 모여들었다.
1960~70년은 포천 화강석의 전성기였다. 2003년까지만 해도 11개의 채석장이
포천에 있었다. 100m까지 산을 파고 들어간 곳도 있었단다.

　채굴기간이 끝나자 업자들이 돌아갔다. 돌 캔 자리만 남은 산들이 볼품없어졌
다. 그래서 아이디어를 냈다. 포천 화강석을 알리고, 동시에 사람들에게 예술공
간도 제공하는 계획을 추진하기로. 2003년부터 시설공사를 시작해 아트벨리의
지금 모습이 갖춰졌다. 채석장을 활용한 것으로는 국내 최초의 일이다.

　아트벨리는 호수 넓이만 7040㎡다. 물이 맑아 1급수에 사는 물고기들이 호수에
산다. 호수의 가장 깊은 곳이 10~15m에 이른다. 호수를 에워싼 절벽 중 가장 높은
곳은 52m다. 밑에서 올려보면 까마득하게 느껴진다. 모두 '있는 그대로'를 최대한
이용했다. 절벽을 위험하지 않게 다듬고, 호수 주변에 나무데크를 만든 것이 사람
이 한 일의 전부다. 절벽 군데군데 폭약을 장치했던 구멍도 그냥 남겨뒀다. 희한하
게도 발원지를 알 수 없는 물줄기가 한쪽 절벽을 타고 호수로 흘러든다. 자연스럽
게 작은 폭포가 생긴 셈이다. 호수 한편에는 야외무대를 조성했다. 무대배경이 절
벽이다. '친환경 스크린'이다. 여기에 조명도 쏘고 영상도 튼단다. 독특하다.

　아트밸리는 지난 2009년 10월 문을 열었다. 하지만 깎아지른 절벽과 맑은 호수
가 입소문을 타면서 개장 전부터 블로거들 사이에 입소문이 돌 정도로 유명세를

포천 아트밸리의 거대한 바위벽

뷰식물원(왼쪽), 유식물원(오른쪽)

치렀다. 모든 것이 어우러진 풍경이 마치 중국의 자연 경승지 분위기 물씬 난다. 이 외에도 3층 규모의 미술관, 전망대, 야외조각공원, 들머리에서 주차장까지 연결되는 모노레일 등이 들어섰다.

포천에는 '굵직한' 명소보다 앙증맞은 볼거리가 많다. 대표적인 것이 식물원이다. 포천에는 이름난 식물원이 4개나 된다. 각 식물원마다 테마와 색깔이 뚜렷한 것이 특징이다. 신북면 삼정리의 허브아일랜드(031-535-6494)는 이름처럼 허브 전문 식물원이다. 정원과 건물이 예쁘게 꾸며져 사진 찍기 좋다. 특히 여성들이 선호하는 스타일이다. 레스토랑과 카페도 있고 객실 수가 적지만 펜션도 있다. 또 유식물원(031-536-9922)은 아이리스가 전문이다. 아이리스는 꽃이 질 때 꽃이 접혀서 코딱지만 한 크기가 돼 땅에 떨어지는데, 이 때문에 '뒤끝이 가장 깨끗한 꽃'으로 꼽는단다. 전망대에서 바라보는 조망이 좋고, 세계 각국의 오일램프를 구경할 수 있는 전시관도 볼 만하다.

일동면 유동리의 뷰식물원(031-534-1136)은 양귀비꽃 식물원으로 유명하다. 조경용 양귀비는 선명한 빛깔과 하늘거리는 꽃잎이 아름답다. 늦봄부터 초여름 사이가 가장 많이 만개해 양귀비꽃 축제를 연다. 영북면 산정리의 평강식물원

(031-531-7751)에는 백두산, 한라산, 히말라야, 로키, 안데스, 알프스 등에 자생하는 희귀 고산식물들이 많다. 또 아시아 최대 규모의 암석원이 있다.

포천에는 체험거리도 무궁무진하다. 영중면 성동리에는 파주골 순두부체험마을과 슬로푸드체험관이 있다. 마을에서 심은 콩을 직접 맷돌로 갈아 두부를 만들고 시식을 할 수 있다. 천일염을 받아 간수를 직접 내려 쓰기 때문에 두부 맛이 좋다. 체험관 앞에 영평천이 흐르는데, 풍광이 좋아 여름 피서지로 인기다. 고기잡이, 농사짓기, 감자캐기도 가능하다. 영북면 산정리의 한가원(031-533-8121)에서는 한과 만들기를 할 수 있다. 500여 점의 한과 제작과정과 도구 등을 전시한다. 화현면 화현리의 산사원(031-531-9300)은 배상면주가에서 운영하는 술박물관이다. 다양한 술을 무료로 시음을 할 수 있다. 술 빚는 도구와 제작과정도 볼 수 있는데, 특히 술독에 마이크를 설치해 술이 익어가는 소리를 들려주는 것이 독특하다. 영북면 소회산리에는 소 젖 짜기, 치즈 만들기 등을 할 수 있는 낙농체험목장 아트팜(031-536-5216)이 있다. 이곳에서 직접 만든, 김에 싸먹는 치즈가 인기다.

가는길 포천으로 가는 길은 두 갈래다. 의정부를 거쳐 가는 43번 국도와 퇴계원을 거쳐 가는 47번 국도가 있다. 주말에는 어느 길을 잡아도 교통 체증을 감안해야 한다. 하지만 일단 포천 땅에 들면 크게 붐비지 않는다. 아트벨리(www.pocheonartvalley.or.kr)

맛집 포천은 갈비와 막걸리의 고장이다. 이동갈비는 갈빗살을 칼등으로 다져 달콤한 간장양념에 재운 것을 숯불에 구워 먹는다. 순두부체험관이 있는 영중면 성동리의 파주골순두부(031-532-6590)는 미식가라면 놓치지 않는 맛집이다.

잠잘곳 산정호수 입구에 한화리조트(www.hanhwaresort.co.kr)가 있다. 허브아일랜드에도 펜션이 있다. 평강식물원 주변에도 호젓한 펜션이 많다.

볼거리 포천은 곳곳에 볼거리가 많은 곳이다. 산정호수는 봄을 제외하면 어느 계절에 찾아도 좋다. 명성산은 가을 억새가 유명하다. 신북온천과 일동유황온천 등도 피로를 풀고 가기 좋다. 백운계곡과 열두개울은 여름 물놀이터로 유명하다.

#24

사승봉도

주소 인천광역시 옹진군 자월면 승봉리

여행적기 7월~8월

주변 여행지 승봉도 · 덕적도 · 풀치

문의 사승봉도 관리사무소(032-831-6651~2)

끝없이 펼쳐진 모래톱 너머
수평선 너머

십여 년 전 서해의 한 섬을 방문한 적이 있다. 겨우 20명 남짓한 인원을 실은 배가 접안할 시설이 없어 작은 배로 갈아탄 다음 섬 가까이 도착해 바닷물에 발을 적시고서야 오를 수 있었다. 그러나 그 섬은 발을 디딘 모든 이들에게 강렬한 아름다움을 선사하며 섬에 오기까지의 불편함에 대해 넘치도록 보상해줬다. 그 섬이 인천광역시 옹진군 자월면의 사승봉도다.

# #

카메라 니콘 D3

렌즈 70~200mm

감도(ISO) L 1.0

셔터 스피드 1/125

조리개 F 16

촬영장소 사승봉도 해변

촬영팁 끝없이 펼쳐진 해변과 수평선의 몽환적인 느낌을 살린다. 그러나 피사체가 없으면 아주 평범해진다. 해변의 넓이와 멀고 먼 바다의 원근을 살리기 위해 사람과 배 등을 프레임 안에 적절히 배치한다.

인 천 항 에 서 5 0 km 남 짓 달려 섬에 이르자 사승봉도의 자랑인 광활한 은빛 모래밭이 예전 모습 그대로 눈앞에 펼쳐졌다. 바다 물결의 흔적이 남아 있는 모래밭에서 한가롭게 먹이를 찾던 장다리물떼새 부부가 인기척에 놀라 황급히 자리를 뜬다. 부드럽게 부서지는 모래밭 위에는 온통 제 집 찾아들어간 게 구멍만 빼곡하다.

모래섬이란 뜻의 사도(沙島)로도 불리는 사승봉도는 썰물 때면 동북쪽으로 길이 2km, 폭 200m, 서북쪽으로 길이 2.5km, 폭 1km의 드넓은 백사장을 드러낸다. 멀리 바다로는 이작도와 승봉도, 상공경도 등이 울타리처럼 감싸고, 백사장 뒤로는 무릎까지 오는 수풀지대 너머 곰솔과 참나무, 오리나무 등이 제법 깊은 숲을 이루고 있다. 사승봉도의 가장 큰 매력은 이처럼 유유자적한 풍경에 있다.

사승봉도는 이작도 등과 마주한 모래사장을 그저 해변이라 부를 뿐, 섬 이름 외에 변변한 지명을 갖고 있지 않다. 해변에서 야트막한 산 하나를 넘으면 관리소 겸 민박집이 나온다. 민박집 아래 또한 해변이다. 단 4명의 젊은이들이 그 너른 해변을 독차지한 채 해수욕을 즐기고 있다. 한가롭다 못해 적막할 지경이다. 해변에서 관리소로 올라가는 계단 옆에는 우물이 하나 있다. 섬 관리인의 설명에 따르면 나무가 갖고 있는 물이 고인 지장수다.

사승봉도는 개인 소유의 섬이다. 30여 년 전쯤 미스코리아 입상자를 다수 배출한 서울의 유명 미용실 오너가 구입한 것으로 알려졌다. 무인도로 분류되고 있긴 하나, 십여 년 전에도 늙은 관리인 부부가 살고 있었기 때문에 엄밀하게 보자면 무인도는 아니다.

이작도와 사승봉도 사이 내해(內海)에 펼쳐진 풀치는 경이로운 볼거리다. 바닷물에 잠겨 있다 썰물 때 하루 두 번 드러나는 일종의 모래톱. 공식명칭은 풀등이지만 현지 주민들은 풀치라고 부른다. 간만의 차가 가장 큰 사리 때면 넓이가 100만여㎡에 달한다. 거대한 '바다 사막'이다. 모래 위에 발을 딛고 서면 고래 등에 올라탄 채 바다 한가운데 떠 있는 듯한 독특한 경험을 할 수 있다.

방게들이 만든 발자국 말고는 아무것도 볼 수 없는 이곳에 머물 수 있는 시간은

사승봉도의 해변(위)과 해변을 따라 거니는 사람들(아래)

최대 6시간 정도. 하지만 들물이 시작되면 금방 바닷물에 잠기기 때문에 서너 시간을 넘기지 않는 것이 안전하다. 음료수와 먹을 것 외에 그늘막 텐트 등도 가져가는 게 좋다. 승봉도나 이작도에서 어선이나 모터보트 등으로 접근할 수 있다.

물이 차기 전 빠져나와 풀치 쪽을 바라보면 눈앞에 있었던 모래섬이 한순간에 신기루처럼 사라진다. 그리고 늦은 오후의 햇살은 붉은 손길로 모래들을 쓰다듬으며 서쪽으로 총총히 발걸음을 옮긴다. 섬이 이방인을 위해 안배해 둔 마지막 풍경의 유희다.

사승봉도와 인접한 승봉도는 봉황이 나는 모습과 닮았다는 섬이다. 늘 덕적도의 그늘에 가려 있다가 최근 연인들의 은밀한 데이트 코스 1순위에 오르내리면

서 점차 관심을 끌고 있다. 섬 곳곳에 봉황이 날면서 떨구어 놓은 예쁜 풍경들이 널려 있다. 대표적인 곳은 이일레해수욕장. 옥색 물빛과 고운 모래, 울창한 숲 등 해수욕장으로서 갖춰야 할 요소들을 빠짐없이 갖췄다.

이일레해수욕장에서 뒤편의 원시림 사이로 난 산책로를 따라 고개를 넘으면 촛대바위가 있는 '작은 섬배'가 나온다. 올망졸망 늘어선 섬들을 바라보며 해수욕을 즐기기에 그만이다. 이름도 예쁜 '부두치해변'에는 바다에 코를 대고 물을 마시는 코끼리 모양의 남대문바위가 있다. 이 바위 아래를 지나면 사랑이 이루어진다고 해서 연인들에게 인기다. 썰물 때 접근할 수 있다.

가는길 사승봉도까지 곧바로 가는 정기여객선은 없다. 인천항 연안여객터미널에서 승봉도까지 간 다음, 주민 배로 갈아타야 한다. 왕복 1만원을 받는다. 인천항에서 승봉도까지는 성수기 하루 5~6회 운항한다. 우리고속훼리(www.wk.co.kr · 032-887-2891), 진도운수(www.jindotr.co.kr · 032-888-9600) 대부도 방아머리선착장에서도 출항한다. 대부해운(032-886-7813)

잠잘곳 사승봉도에는 관리사무실 겸 민박(032-831-6651)으로 사용하는 건물이 있다. 방 하나당 5만원을 받는다. 5명이 넘을 경우 1인당 1만원이 추가된다. 물은 있지만, 샤워시설이 없는 것이 흠. 캠핑은 3인 기준 1일 1만원. 청소비 명목의 입도료 2000원은 별도다. 승봉도 선착장 부근에는 객실 150실을 갖춘 동양콘도미니엄(www.dycondo.com · 02-2604-6060)이 있다. 선창휴게소(www.isunchang.com · 032-831-3983)는 민박과 음식점을 겸하며 배낚시도 안내한다. 옹진군청 관광자원개발사업소(tour.ongjin.go.kr · 032-899-3311), 자월면사무소(032-833-6010)

가을
autumn

#25
선운사

주소 전북 고창군 아산면 삼인리 500(선운사)
여행적기 봄~가을
주변 여행지 도솔암·선운산·미당시문학관·삼양염전·고인돌유적지·고창읍성
문의 선운사(063-561-1422)

초록 숲에 깔아 놓은
붉은 융단, 그 황홀경

레드 카펫을 깔아놓은 듯 붉은 파도가 넘실된다.
고즈넉한 숲에서 꽃무릇이 불꽃처럼 활활 타오른다.
메밀꽃의 바통을 이어 받아 이파리 하나 없는 기다란 꽃대 위에
가느다란 실타래 같은 수술이 서로를 섞어 붉은 화관을 이룬다.
가녀린 꽃대 하나에 의지해 툭툭 터져 갈라진 꽃송이는
마치 마스카라로 눈썹을 치켜 올린 듯 가볍게
이는 바람에도 흔들리며 '슬픔의 노래'를 전한다.

＃ **카메라** 니콘 D3 **렌즈** 70~200mm **감도(ISO)** 250 **셔터스피드** 1/100 **조리개** F 14 **촬영장소** 선운사 **촬영팁** 꽃무릇은 초가을에 반짝하고 사라지는 꽃이라 부지런해야 한다. 붉은 잎의 꽃무릇을 가장 돋보이게 하는 것은 빛이다. 어떤 각도에서 어떤 빛으로 찍느냐에 따라 다양한 느낌의 사진을 얻을 수 있다. 배경은 검은색 등으로 단순하게 처리하는 것도 방법이다.

여름이 슬그머니 꼬리를 내릴 때쯤, 전북 고창군 선운사 골짜기에는 마치 산불이 난 듯 온통 붉은 꽃무릇이 화려한 군무를 펼친다. 가을을 여는 꽃무릇은 대체로 백로 무렵 피기 시작해 9월 중순에서 말경에 절정에 이른다.

산자락이나 풀밭에 무리지어 피는 꽃무릇은 꽃이 필 때 잎이 없고, 잎이 날 때는 꽃이 없는 수선화과의 꽃이다. 본래 이름은 꽃대가 마늘종을 닮아 석산화(石蒜花)라 한다. 한 뿌리이면서도 잎과 꽃이 서로 만나지 못하는 화엽불상견(花葉不相見)의 꽃으로, 서로 떨어져 사모하는 정인처럼 꽃과 잎이 사무치도록 그리워한다고 해서 상사화라고도 부른다. 하지만 꽃무릇과 상사화는 엄연히 다른 꽃이다. 분홍색 상사화는 여름에 피고, 붉은색 꽃무릇은 초가을에 핀다.

선운사 꽃무릇 감상은 선운산도립공원 매표소 뒤편 생태숲에서 시작된다. 이곳에는 꽃무릇을 비롯해 수십 종의 야생화가 식재되어 있다. 이곳은 꽃무릇이 필 때면 가족 나들이를 나온 관광객과 한 컷이라도 더 작품을 만들려는 사진동호인들이 뒤엉켜 한바탕 북새통을 이룬다.

꽃무릇은 생태숲을 지나 선운사로 가는 길의 좌측 산자락을 따라서 끝없이 이어진다. 어둑어둑한 숲과 도솔천을 수놓은 꽃무릇의 아찔한 자태에 흐르는 물과 산새조차 숨을 죽인다. 그 아름다운 경치에 꽃멀미가 날 정도다.

도솔천 물길을 따라 이어지던 꽃무릇은 선운사 들머리에 이르면 아예 붉은 융단을 펼쳐놓은 것처럼 무더기로 활활 타오른다. 온통 불을 지핀 듯 사방이 붉다. 영화《남부군》을 촬영했다는 표지석 부근 잔디밭 너머로도 붉은색 물결은 이어진다. 그 현란한 선홍빛 아름다움에 감탄사가 절로 나온다. 이곳에서는 꽃 위를 나는 잠자리도 붉다.

꽃과 잎이 만나지 못한다는 사실에 근거해 지어낸 말이기는 하지만 선운사 꽃무릇에는 애틋한 사랑 이야기가 전해온다. 옛날에 선운사 스님을 짝사랑하던 여인이 있었다. 그녀는 연모의 정을 어쩌지 못하고 그만 상사병에 걸려 죽고 말았는데, 이듬해 그녀의 무덤에서 붉은 꽃이 피어났다고 한다. 결코 이루어질 수 없는

선운사 돌담 아래 피어난 꽃무릇

사랑을 상징하는 이 꽃에 상사화라는 이름을 붙인 까닭이다. 꽃무릇의 꽃말은 '슬픈 추억'이다.

꽃무릇은 선운사 절집 담장을 따라서도 이어진다. 어둠 속에서 저 홀로 피어난 꽃무릇에는 슬픔과 고독이 짙게 배어 있다. 꽃을 피운 지 십일 만에 지고 만다는 이 꽃은 님이 그리워 눈물처럼 영롱한 붉은 빛을 토하는 것처럼 보인다.

꽃무릇은 유독 절집 주변에서 많이 볼 수 있는데, 이는 이 꽃의 쓰임세가 절집에서 요긴하기 때문이다. 꽃무릇의 뿌리에는 방부제 성분이 있어, 탱화를 그릴 때나 단청을 할 때 꽃무릇의 뿌리를 찧어 바르면 좀처럼 좀이 슬거나 색이 바래지 않는다고 한다.

한방에서는 꽃무릇의 비늘줄기를 약재로 쓰기도 한다. 하지만 꽃무릇의 비늘줄기에 함유된 알칼로이드 성분은 독성이 강해 꺾거나 만지면 몸에 해롭다고 한다. 꽃무릇은 비늘줄기를 찧어 물에 잘 행군 후 찌꺼기를 걷어낸 다음 다시 물로 여러 차례 씻고 가라앉히는 과정을 되풀이하면 독성이 제거된 녹말을 얻을 수 있

짙은 숲그늘 아래 꽃망울을 터트린 꽃무릇

다고 한다. 그래서 옛날에는 가난한 백성들이 꽃무릇으로 식량을 대신했다는 이야기도 전해온다.

선운사 맞은편 동운암으로 향하는 산책로 주변 산자락도 예외 없이 꽃무릇이 피어 있다. 동운암 못 미쳐 왼쪽으로 난 숲길을 따라 올라가면 뜻밖에 넓은 차밭과 만날 수 있다. 꽃무릇은 물론 물봉선, 들국화 등 들꽃들이 차밭 고랑 사이에 피어났다.

꽃무릇이 지고 나면 여름도 간다. 선운사는 오색의 화려한 단풍으로 수놓을 가을을 기다린다.

여행메모

가는길 서해안고속도로 선운사IC로 나와 22번 국도를 타고 15분이면 선운사 입구다. 고창IC로 나오면 19번 국도를 타고 가는데, 선운사IC보다 10분쯤 더 걸린다.

맛집 선운사 입구에는 풍천장어집이 즐비하다. 애초에 풍천장어는 선운사 입구의 장수강에서만 잡히는 장어를 부르는 이름이었다. 풍천장어는 워낙 경쟁이 치열한 데다, 맛도 크게 차이가 없어 어느 한 곳을 추천하기 난감하다. 장어탕과 밥을 딸려 주는 곳도 있고, 별도로 주문을 받는 곳도 있다. 저렴하게 장어를 맛보려면 손수 장어를 구워먹는 셀프장어집을 찾으면 된다. 굳이 식당을 꼽자면 우진갯벌장어(063-564-0101)나 강나루(063-561-5592), 동백가든(063-563-4141)등을 들 수 있다.

잠잘곳 선운사 인근에 숙소들이 몰려 있다. 선운산관광호텔(063-561-3377)이나 햇살 가득한 집(063-562-0320) 펜션 등이 깨끗하다. 하지만 단풍철이라 꽃무릇이 필 때는 사람들이 몰려 번잡스럽다. 고창읍내에도 깔끔한 모텔들이 있다. 읍내 숙소 중에서는 아리랑모텔(063-561-5595)등이 깔끔한 편이다. 다만 일찌감치 방이 차니 서둘러야 한다. 가족단위 여행객이라면 그랜드호텔(063-561-0037)을 추천할 만하다. 호텔이란 이름을 달고 있고, 외부도 번듯하지만 내부는 낡은 모텔 수준이다.

볼거리 고창군 공음면 학원농장은 국내 최대 규모의 메밀밭이다. 봄에는 청보리로 넘실대던 드넓은 벌판이 가을엔 하얀 메밀꽃으로 뒤덮인다. 학원농장의 메밀밭은 100만㎡에 달한다. 읍내에 있는 고창읍성은 보전이 잘된 가장 대표적인 성곽 문화재다. 낮도 좋지만 조명에 물든 밤도 아름답다. 세계에서 가장 크고 넓은 고인돌 군락지도 볼거리다.

#26
남해도

주소 경남 남해군 남면 홍현리 912(다랭이마을)
여행적기 사계절
주변 여행지 금산 · 미조항 · 상주해수욕장 · 물건방조어부림 · 죽방렴 · 유배문학관
문의 다랭이마을(055–860–3946), 남해군 문화관광과(055–860–8604)

햇살 쏟아지는 저 바다 너머
가을이 깊어가네

남해를 돌아보다 다랭이마을과 마주했을 때 말을 잃었다. 볼 것 많고 경치도
좋은 섬, 남해도에서도 이처럼 드라마틱한 곳은 처음이었다. 거의 절벽과도
같은 가파른 산비탈을 따라 계단식으로 자리한 다랑논 행렬은 경이롭기까지
했다. 한줌 땅에 대한 섬사람들의 집념이 고스란히 묻어났다. 다랑논 아래는
파도가 넘실거리는 바다다. 이런 풍경과 마주하면 숨이 막힌다. 머리 숙여 존
경할 수밖에 없는 삶의 질긴 원형질과 마주하는 것 같다.

카메라 니콘 D3 **렌즈** 니콘 24~70mm **감도(ISO)** 250 **셔터스피드** 1/125 **조리개** F14
촬영장소 다랭이마을 **촬영팁** 다랭이마을은 모내기철 황소를 이끌고 논을 갈고 있는 촌노의 모습을 담거나 아니면 수확을 앞두고 황금빛으로 물든 가을날 찾는 게 포인트다. 특히, 황금빛 벼를 가장 잘 표현하는 것은 빛이다. 역광을 활용하면 반짝이는 벼와 논길의 음양이 조화를 이룬다. 여기에 농부와 같은 피사체가 있다면 사진은 생동감이 넘친다.

눈이 시리도록 아름다운 하늘과 푸르고
푸른 바다, 올망졸망한 작은 섬들 사이로 유유히 떠 있는 어선, 그리고 수평선과
나란히 마주하고 달리는 해안선은 말 그대로 그림 같은 절경의 연속이다. 남해 바
다로의 여정은 이처럼 싱그럽고 환상적인 풍경이 함께 한다. 거기서도 남해여행
의 백미는 해안일주도로다. 산을 통째로 바다에 빠뜨린 듯 곤두박질치는 가파른
산비탈과 갈매기의 비행처럼 유려한 해안선, 그 속에서 삶을 이어가는 사람들의
이야기가 어울려 빚어내는 풍광이 그만이다. 그냥 눈에 보이는 모습 그대로 자연
의 가슴 벅찬 감동을 안겨주는 곳이 바로 남해도다.

서울에서 남해까지는 약 4시간 거리. 삼천포에서 창선대교를 건너 창선도로 들
어서면 저 유명한 해안 드라이브가 시작된다. 1024번 지방도로를 따라가면 지족
해협을 건넌다. 창선대교를 건너자마자 좌회전하면 물건리를 지나 미조항에 닿
고, 다시 그곳에서 해안선을 따라 앵강만을 끼고 돌면 가천 다랭이마을을 지나 남
해대교까지 계속 해안도로가 이어진다. 이 해안도로를 한 바퀴 돌아가는 것이 남
해도 전부를 보는 것과 진배없다.

남해 해안일주도로에서 본 일출

　　남해도 여행의 첫 감상 포인트는 지족해협이다. 창선도와 남해도 사이 물목이 좁아진 이곳에는 V자 모양으로 나무 말뚝을 박아놓은 곳이 있다. 바로 남해의 자랑이자 마지막 남은 원시어업의 상징인 죽방렴이다. 죽방렴은 물살이 빠른 물목에 참나무 말뚝을 박고 대나무발로 그물을 쳐둔 뒤 썰물 때 물이 빠지면 그 안에 들어 온 물고기를 건져 올리는 원시 어업 기구다. 물이 흐르는 때에 맞춰 하루 두 차례 뜰채로 고기를 퍼낸다. 특히, 이곳에서 건져내는 멸치나 물고기는 그물로 거둔 것과 달리 비늘이 손상되지 않아 신선도가 뛰어나고 맛도 좋아 인기가 높다.

　　죽방렴을 뒤로하고 해안도로를 따라 구불구불 이어진 길을 따라가면 삼동면 물건리에 닿는다. 몇 해 전 인기를 끌었던 TV드라마《환상의 커플》촬영지다. 이곳에는 천연기념물 제150호로 지정된 물건방조어부림이 있다. 강한 바닷바람과 해일 등을 막아 농작물과 마을을 보호하기 위해 인공으로 만든 숲인데, 숲 그늘이 바다에 드리우면 물고기가 몰려들어 어부림 구실도 한다. 방풍림 뒤에는 1960년대 외화벌이를 위해 독일로 갔던 광부와 간호사들이 국내로 돌아와 정착한 독일인마을이 있다. 집 하나하나가 동화 속에 나올 법한 예쁜 풍경이다.

참선대교에서 내려다본 지족해협 죽방렴

다랭이마을의 다랑논

　물건리에서 해안도로를 따라 가면 미조항에 닿는다. 남해도의 남쪽 끝이다. 여기서 금산자락을 따라 앵강만을 끼고 돌아가면 가천 다랭이마을이 나온다. 쪽빛 바다 위 가파른 산비탈에 자리한 마을의 모습은 아주 극적이다. 멀리서 보면 불안하기까지 하다. 혹시 마을이 비바람에 쓸려 내려가지는 않을지, 발을 잘못 디뎌 미끄러지지는 않을지 걱정스럽다. 오죽하면 밭 갈던 소도 한 눈 팔면 절벽으로 떨어진다는 말이 생겨났을까.

　'다랭이'는 다랑논을 뜻한다. 산비탈을 깎고 축석을 쌓아 일군 계단식 논이다. 가파른 산허리를 잘라 평평하게 고른 뒤, 숱한 돌은 일일이 손으로 들어내어 담을 쌓고, 바닥에 진흙을 발라 물이 빠지지 않게 해야 비로소 논이 된다. 한 뼘에 불과한 그 논을 만든 이 마을 사람들의 정성과 노력을 어떤 말로 표현할 수 있을까. 그렇게 힘들게 얻은 논이기 때문일까. 다랭이마을에는 애절한 삿갓배미 전설이 전해 내려온다.

　옛날에 한 농부가 일을 하다가 논을 세어보니 한 배미가 모자랐다. 농부는 백방으로 그 논을 찾았지만 결국 찾을 수가 없었다. 할 수 없이 논 찾기를 포기하고 집으로 가려고 삿갓을 들었더니 그 밑에 잃어버렸던 논 한 배미가 있었다고 한다.

　그러나 시절이 바뀌었다. 고난에 찬 섬살이의 상징이었던 다랑논이 오늘에 와서는 이 마을을 먹여 살리는 효자노릇을 하고 있다. 다랑논을 보려고 팔도에서 관광객이 몰려들면서 다랭이마을은 늘 북적거린다. 특히, 논의 모습이 가장 극적으로 보이는 모내기철과 추수철에는 논일을 하지 못할 정도로 많은 사람들이 몰린다.

남해의 극적인 모습을 보려면 산에 올라야 한다. 남해에서 가장 높은 산은 망운산(786m)이다. 망운산 정상에 오르면 시야는 동서남북 거칠 것이 없다. 서북쪽으로 지리산 천왕봉에서 광양의 백운산까지 내륙의 산봉우리들이 병풍처럼 펼쳐진다.

다랭이마을 뒤편에 솟은 설흘산(482m)도 망운산 조망 못지 않다. 한마디로 기가 막힐 정도다. 끝도 없이 펼쳐진 푸른 바다와 부채모양으로 솟은 암릉이 어울려 천하절경이다. 금산 산자락을 치고 들어온 앵강만에는 《구운몽》과 《사씨남정기》를 지은 서포 김만중이 유배를 왔던 노도가 둥둥 떠 있다. 서쪽바다 너머로는 엑스포의 도시 여수와 향일암이 있는 돌산도가 아득하게 펼쳐진다. 설흘산 정상에서 보는 해돋이도 남해에서 으뜸으로 쳐주는 절경 중의 절경이다.

가는길 경부고속도로와 대전통영고속도로를 이용. 진주 분기점에서 남해고속도로 순천 방면으로 간다. 삼천포에서 창선대교를 건너려면 사천IC에서, 남해대교를 건너려면 하동IC에서 빠진다. 한쪽을 들머리로 잡으면 다른 한쪽을 나는 길로 잡으면 된다.

맛집 남해대교 아래 노량마을에 횟집이 많다. 유진횟집(055-862-4040)은 자연산 회와 20여 년 간 한결같은 손맛을 이어오고 있는 우럭찜을 잘한다. 지족해협에는 죽방렴에서 잡은 멸치를 이용해 요리를 내놓는 식당이 많다. 미조항은 갈치회의 본고장이다.

잠잘곳 바다가 한눈에 보이는 최고급 객실과 개인 풀, 야외 자쿠지까지 갖춘 힐튼남해골프앤스파리조트(www.hiltonnamhae.com)가 있다. 남해편백자연휴양림(055-867-7881)의 산막과 다랭이마을(http://darangyi.govil.org)에서 민박도 가능하다.

볼거리 남해금강이라 불리는 금산(681m)과 보리암을 빼놓을 수 없다. 한려수도국립공원에 속한 유일한 산악공원으로 정상부의 기암괴석과 38경이 절경. 이밖에도 상주해수욕장과 김만중 유배지인 노도, 이순신 장군 유적지인 노량과 충렬사, 해오름예술촌 등도 찾아볼 만하다.

#27
남이섬

주소 강원도 춘천시 남산면 방하리 198(남이섬)
여행적기 사계절
주변 여행지 쁘띠프랑스 · 청풍호반 드라이브 · 자라섬오토캠핑장 · 연인산
문의 남이섬(031-580-8114), 춘천시 관광과(033-250-3089)

가을이 오는 길목
사랑이 영그는 그 곳

… 전략 … 내 인생에 가을이 오면/나는 나에게/사람들을 사랑했느냐고 물을 것입니다/그때 가벼운 마음으로 말할 수 있도록/나는 지금 많은 사람들을 사랑하겠습니다. … 중략 … 내 인생에 가을이 오면/나는 나에게/삶이 아름다웠느냐고 물을 것입니다/그때 기쁘게 대답할 수 있도록 내 삶의 날들을 기쁨으로 아름답게/가꾸어 가야겠습니다/내 인생에 가을이 오면/나는 나에게/어떤 열매를 얼마만큼 맺었느냐고/물을 것입니다/내 마음 밭에 좋은 생각의 씨를/뿌려 좋은 말과 좋은 행동의 열매를/부지런히 키워야 하겠습니다

– 윤동주 〈내 인생에 가을이 오면〉 중에서–

\# **카메라** 니콘 D3 **렌즈** 니콘 50mm **감도(ISO)** 6400 **셔터스피드** 1/8 **조리개** F 1.4 **촬영 장소** 남이섬 메타세쿼이아 숲길 **촬영팁** 남이섬의 랜드마크인 메타세쿼이아 숲길은 안개가 자욱한 이른 아침 풍경도 좋지만 가을 해질 무렵 조명 받은 풍경도 몽환적이다. 삼각대를 사용하지 않고 찍었는데 오히려 이것이 몽환적 분위기를 더욱 돋보이게 했다. 두 손 꼭 잡고 걷는 연인의 모습이 숲길과 어우러져 아름답고 성스럽기까지 하다.

경춘가도 드라이브를 할 때 46번 국도

를 타고 춘천까지 '직행'하는 이들이 많다. 그런데 드라이브 좀 즐긴다는 이들은 대성리 지나 청평댐 입구 삼거리에서 우회전, 호명리 방향의 75번 국도를 따라 달린다. 남이섬 입구까지 이어지는 청평호반길이다. 한여름에는 청평호를 찾는 '레저피플'로 도로가 제법 북적인다. 하지만 다른 계절은 한산하다. 이 길을 따라 가면 드라마 《베토벤 바이러스》 촬영지인 쁘띠프랑스가 있고, 남이섬도 있다.

청평댐에서 청평호를 오른쪽에 끼고 구절양장 같은 굽잇길을 따라 20여 분 달리면 쁘띠프랑스가 나온다. 프랑스 문화를 테마로 한 가평군 고성리 청소년수련원이다. 장황한 주석보다 드라마 《베토벤 바이러스》 촬영지라고 설명하는 것이 낫겠다. 이 드라마는 냉소적인 독설, 오만한 행동, 그러면서도 밉지 않은 주인공 강마에(김명민 분)의 말과 행동, 패션이 트렌드가 되며 일명 '강마에 신드롬'을 탄생시켰고, 심지어 드라마 이름을 딴 금융상품까지 출시되기도 했다. 이 같은 대단한 흥행에 힘입어 드라마 촬영지까지 덩달아 떴다.

쁘띠프랑스는 한홍섭 회장이 프랑스를 여행하고 '국내 젊은이들도 유럽 문화의 중심지인 프랑스 문화를 접할 기회가 많았으면 좋겠다'는 생각에서 약 42만 9000m²(약 13만 평)의 부지에 건물 21개 동을 지었다. 그래서 원래의 용도가 청소년수련원이다. 하지만 여느 곳과 달리 생떽쥐베리와 어린왕자를 테마로 하기 때문에 재미가 있다. 빨간 지붕을 인 하얀 건물들은 마치 그리스 산토리니마을을 연상시키고, 생떽쥐베리의 각종 자료와 그의 소설 《어린왕자》의 캐릭터는 곳곳에서 모습을 드러내며 잊고 지내던 동심을 자극한다. 150년 된 프랑스 고택을 고스란히 옮겨놓은 주택전시관, 맑은 소리가 인상적인 오르골 공연과 전시가 열리는 오르골하우스, 프랑스의 상징인 닭을 테마로 한 작품이 전시 중인 갤러리, 다양한 프랑스문화를 직접 체험할 수 있는 스튜디오, 청평호를 한 눈에 조망할 수 있는 전망타워, 잘 가꿔진 정원 등도 눈길을 끈다. 특히 강마에의 작업실로 등장한 건물은 연일 만원이다. 물론 숙박도 가능하다.

쁘띠프랑스를 지나 다시 20여 분 달리면 남이섬이다. 그런데 남이섬도 요즘 재

남이섬의 가을 풍경

미있게 변했다. '나미나라 공화국'이란 이름을 내걸었다. 섬에 들어가면 마치 다른 나라에 온 것 같은 기분을 실감한다.

우선 남이섬으로 가기 위해 출입국관리소(가평나루 선착장)에서 비자(입장권)를 사야 한다. 섬에 도착하면 입국심사대(남이섬 검표소)를 통과한다. 선착장 옆에는 외국인 관광객을 위한 환전소가 있다. 또 시중 은행과 똑같이 외화를 원화로 바꿀 수 있다. 또 남이섬에서 화폐와 똑같이 통용되는 '남이통보'로 환전할 수 있다. 우정국도 있고 이곳만의 우표도 있다. 이곳에선 국내는 물론 일반 우체국과 똑같이 외국으로도 편지를 보낼 수 있다. 환전소와 우체국이 유원지 안에 있는 것은 국내에서는 이례적인 일이다. 남이섬의 관광업무를 담당하는 부서는 나미나라 관광

청이고 1년 자유이용권은 여권이라고 한다.

메타세쿼이아 길, 은행나무 길 등 남이섬 명소들은 언제 찾아도 다정하다. 특히, 가을에는 메타세쿼이아 나무들이 갈색으로 물들어 한결 더 아름답다. 아침안개가 자욱할 때 신비롭지만 첫배를 타야 볼 수 있는 풍경이다. 이것이 벅차다면 오히려 관광객이 대부분 돌아가는 해질 무렵에 가는 것이 좋다. 조명이 살짝 비춰 몽환적인 분위기에 휩싸인다. 남이섬으로 가는 첫배 시간은 오전 7시30분, 남이섬에서 떠나는 막배 시간은 밤 9시 45분이다.

가평 쁘띠프랑스

가는길 서울춘천고속도로를 이용, 화도IC로 나온다. 화도읍에서 46번 국도 춘천 방면으로 가다 청평에서 청평댐 방면으로 가는 391번 지방도를 따른다. 청평댐~쁘띠프랑스 10km, 쁘띠프랑스~남이섬 15km.

맛집 남이섬 안에는 테마가 다른 레스토랑이 6개 있다. 연가(031-582-2550)는 《겨울연가》의 추억을 간직한 도시락을 먹을 수 있다. 섬향기(031-581-2189)는 숯불화로에 구운 춘천닭갈비를 먹을 수 있다.

잠잘곳 쁘띠프랑스(031-584-8200)는 2인실부터 12인실까지 다양한 구조의 객실 34개가 준비돼 있다. 인기가 좋아 주말에는 한두 달 전에 예약해야 한다. 남이섬 안에는 호텔 정관루(031-580-8000)가 있다.

#28

영주

주소 경북 영주시 풍기읍 수철리 63(희방사역)

여행적기 5월 중순~11월 중순

주변 여행지 죽령 옛길·희방사·소백산풍기온천·희방폭포·소수서원·선비촌·부석사

문의 희방사(054-638-2400), 영주시 관광산업과(054-639-6062)

사연 많은 옛길 더듬어
단풍 고운 폭포를 찾아

길은 사람이 지난 자국이다. 사람의 왕래가 잦으면 자연히 길이 난다. 이러니 길에는 먼저 걸었던 이들의 일상과 소박한 이야기가 오롯이 배어있다. 이런 흔적들은 나무와 숲과 바람과 온갖 생명과 함께 자연이 되어 오래토록 천연하게 남는다. 죽령 옛길 걸으면 이것을 알 수 있다. 가을 들머리, 죽령 옛길은 고즈넉하다. 바람이 파도소리 내며 불어온다. 하늘다람쥐, 산토끼가 가끔 모습 드러내고 조금 일찍 떨어진 낙엽들은 마른 흙길에 뒹굴며 애잔한 풍경을 연출한다. 옛길 지나 희방사 오르는 길에는 단풍이 새색시 볼처럼 수줍게 붉다. 모두 '빠른 것'에 물릴 때 찾으면 좋을 풍경들이다.

# #

카메라 니콘 D3
렌즈 니콘 24∼70mm
감도(ISO) 200
셔터스피드 1/90
조리개 F5.6
촬영장소 희방사계곡
촬영팁 희방폭포 지나 희방사 오르는 길
에 만난 고운 풍경이다. 가을이 시작될 무
렵, 울창한 숲에 원색의 빛깔이 들기 시작
했다. 숲 사이로, 계곡과 교각이 있고 마침
등산객이 이 교각을 지난다. 이를 가운데
두고 촬영해 숲의 풍성함을 살렸고 시선이
인물에 집중되도록 유도했다.

가을 들녘에 소리도 없이 사과가 영글어
가듯 경북 영주는 찾는 이로 하여금 조용히 열매를 맺도록 한다. 그래서 '빠른 것'
에 물릴 때 찾으면 좋다. 무량수전 배흘림기둥의 곡선이 아름다운 부석사도 좋고
옛 선비들의 정취 어린 선비촌과 소수서원도 돌아볼 만하다. 하지만 무엇보다 때
묻지 않은 죽령 옛길이 있어 정이 간다.

경북 영주와 충북 단양을 잇는 죽령은 문경새재, 추풍령과 함께 영남과 충청지
방을 잇는 3대 관문 역할을 했다. 신라시대 개척됐다고 전해지는데, 삼국시대에
는 군사적 요충지로, 조선시대에는 한양으로 과거보러 가는 유생들이 이용하는
길로 그 역할을 톡톡히 했다. 1910년대까지만 해도 영남 사람들이 이 길을 넘어
다녔단다. 수많은 수령들이 이 길로 부임하고 퇴임했으며, 장사꾼과 나그네가 이
길에 생계를 내맡겼다. 객점과 마방, 떡집, 술집이 들어서 번성했던 죽령은 무려
2000년의 역사를 간직하고 있다. 지금은 아스팔트 도로가 산길 역할을 대신하고
있다. 하지만 풍기읍 수철리 희방사역 입구부터 정상부의 '죽령주막'까지 이어지
는 약 2km의 옛길이 복원돼 관광객을 맞고 있다. 마지막 500m 구간을 제외하면
경사도 완만하고 우거진 숲이 볕을 가려주기 때문에 걷기가 편하다.

가을 들머리의 죽령 옛길은 고즈넉하다. 바람이 파도소리를 내며 밀려왔다가
밀려간다. 하늘다람쥐, 산토끼가 간혹 모습을 드러내고, 일찍 떨어진 낙엽이 흙
길을 뒹굴며 애잔한 풍경을 연출한다.

죽령 옛길은 길에 얽힌 이야기도 재미있다. 특히 강원도 오대산 상원사 동종이
안동에서 이 길을 넘어 상원사로 가다가 움직이지 않자 종의 일부(유두 문양)를 떼
어내 안동 남문에 묻어주니 다시 움직였다는 일화가 있다. 퇴계 이황이 풍기군수로
있을 때 죽령까지 나와 그의 형을 마중하고 배웅하며 이별의 아쉬움을 시로 읊었
다. 사람들의 발길로 부산했던 길에는 이제 돌담만 있는 4곳의 주막 터만 남았다.

길 중간쯤 있는 낙엽송 군락지에는 노랗게 물이 오른 단풍이 곱다. 하지만 여
기에는 아픈 과거사가 깃들어 있다. 일제 강점기에 수많은 토종 소나무가 베어진
후 이 자리를 메우기 위해 낙엽송을 대량으로 심었단다. 이런 사연들을 곱씹으며

발걸음을 옮기다보면 먹먹했던 가슴은 가을 공기만큼이나 상쾌해진다. 왕복 1시간 40분이면 족한 길이다.

죽령 옛길은 죽령 정상부의 죽령주막에 이르러 끝난다. 그리고 낯익은 아스팔트 도로가 다시 등장한다. 경북 영주와 충북 단양을 잇는 5번 국도이다. 그런데 아이러니하게도 이 도로 역시 지금은 '옛길' 취급을 받고 있다. 중앙고속도로 때문이다. 고속도로가 생기면서 국도 5호선을 지나는 이들의 발길이 부쩍 줄었다. 군부대 훈련차량이 가끔 지나고, 초로의 촌부가 행상을 앞에 두고 기약 없는 손님을 기다린다.

죽령 옛길을 걷는 초로의 촌부

시간이 허락한다면 5번 국도를 타고 죽령을 넘어 단양으로 가보길 권한다. 고속도로에선 순식간에 지나쳐 볼 수 없었던 소백산 준봉의 자태와 그 사이에서 쉬어가는 구름, 그리고 원색으로 물들어가는 단풍이 빚어내는 절경을 볼 수 있다. 시원하게 뻗은 고속도로를 발아래로 내려다보며 '옛길'은 결코 불편하고 느리게 가는 길이라는 편견을 조금씩 떨어낸다. 어쩌면 이는 건조한 도시인의 삶을 가장 빠르게 치유하는 길일지 모를 일이다.

소백산은 거대하다. 주봉인 비로봉을 비롯해 국망봉, 연화봉, 도솔봉 등 해발 1000m 이상의 고봉들이 장쾌한 능선을 이룬다. 그럼에도 불구하고 산세가 부드러워 여성적인 산으로 꼽힌다. 어머니 품 같은 이곳에 희방사가 있다.

단풍 고운 희방폭포(왼쪽)와 단아한 희방사(오른쪽)

단풍 곱기로 유명한 희방사 입구에는 희방폭포가 있다. 해발 700m에 있는 28m 높이의 폭포다. 연화봉 기슭에서 발원한 물줄기가 수천굽이를 돌아 이곳에서 수직으로 떨어진다. 이 폭포는 일찍이 소백산의 으뜸가는 절경이자 영남 제1폭포로 꼽혔다. 조선의 석학 서거정은 이곳을 '하늘이 주신 꿈속에 노니는 곳'이란 뜻으로 천혜몽유처(天惠夢遊處)라 했다.

폭포 옆으로 난 길을 거슬러 오르길 10여분. 희방사 가람들이 모습을 드러낸다. 희방사는 산자락에 숨은 듯 안긴 자태도 자태지만 특히 여래전의 빛바랜 단청과 벽화가 아름답다. 여래전 앞마당에 서면 소담한 사찰과 계곡이 한눈에 바라보인다.

여행메모

가는길 중앙고속도로 풍기IC로 나와 영주까지 간다. 5번 국도의 정취를 느끼기 위해서는 단양IC로 나와 죽령을 넘는 것이 좋다. 30분이면 죽령에 닿는다. 죽령 옛길과 소백산 천문대, 희방사를 연계해 단풍산행도 즐길 수 있다. 4~5시간 걸리기 때문에 오전 10시 이전에 출발하는 것이 좋다.

맛집 풍기읍에 있는 약선당(054-638-2728)은 약이 되는 산나물로 만든 음식을 낸다. 능이버섯불고기, 인삼튀김 등 음식이 정갈하다. 약선정식 2만원, 인삼정식 3만원이다. 풍기역 앞 인천식당(054-636-3224)은 40년 된 집으로 인삼을 넣어 만든 두부를 넣은 청국장(7000원)이 맛있다. 풍기읍 정도너츠(054-636-0067)의 생도너츠는 생강과 커피, 인삼을 이용해 만든 찹쌀도너츠가 인기다. 죽령재에 있는 죽령주막(054-638-6151)은 제철 나물을 이용한 전을 판다. 재료를 양껏 사용한다. 한우를 맛보려면 영주축협한우프라자(054-631-8400)가 좋다. 축협에서 운영하는 정육식당으로 가격이 저렴하고 품질이 좋다. 선비촌 앞의 원조순흥묵집(054-632-2028)은 담백한 묵밥이 인기. 풍기읍 풍기인삼갈비(054-635-2382)도 유명하다.

잠잘곳 풍기읍과 희방사 입구에 숙박시설이 여럿 있다. 풍기관광호텔(054-637-8800), 희방모텔(054-638-8000)

볼거리 희방사 입구에 소백산풍기온천(054-639-6911)이 있다. 지하 800m에서 끌어올리는 알칼리성 유황온천수로 물이 부드럽다. 비누를 사용하지 않아도 피부가 매끄럽다. 풍기에서 부석사 가는 길에는 국내 최초의 사액서원인 소수서원이 있다. 그 곁에 영남의 양반가문을 체험해 볼 수 있는 선비촌이 있다. 무량수전으로 이름난 부석사는 영주 나들이에서 절대 빼놓을 수 없는 곳이다.

#29

청풍호

주소 충북 단양군 단성면 장회리 90-3(충주호유람선)

여행적기 4월 초순~11월 초

주변 여행지 월악산·구담봉·옥순봉·옥순대교·청풍문화재단지·클럽ES리조트·정방사

문의 제천시 문화관광과(043-641-4312), 단양군 관광관리공단(043-420-3103)

만추, 호수에 물들다

호수의 이미지는 바다와 또 다르다. 수면은 고요하고 한없이 잔잔하다. 무상
(無常)한 시간의 흐름에도 호수의 수면은 미동 없이 늘 그 상태였다. 세파에
도 끄덕하지 말아야 할 우리 모습은 그래서 호수 안에 있다. 1985년 충주댐이
들어서며 호수가 생겼다. 호수는 충주, 단양, 제천에 걸쳐 만들어졌다. 제천,
특히 청풍면 수몰 지역이 가장 넓었다. 호수의 공식명칭은 충주호지만 제천
청풍 사람들은 이 호수를 여전히 청풍호라 부른다. 만추의 호수 풍경이 애틋
하게 아름다운 이유다.

# #

카메라 니콘 D3
렌즈 니콘 70~200mm
감도(ISO) 200
셔터스피드 1/160
조리개 F 13
촬영장소 충주호(청풍호)
촬영팁 호수와 단풍의 비율이 적절하게 조화를 이룰 수 있는 구도를 찾아 봤다. 호수 비중이 너무 크면 심심하고 단풍 비중이 너무 크면 호수의 느낌이 사라질 것 같았다. 만추 느낌이 살도록 단풍 풍성하고 빛깔 고운 곳, 볕 좋은 곳을 찾는 것이 관건이다.

만추(晚秋)다. 바람이 등을 떼민다. 절정의 붉은 빛깔을 얼른 가서 보라고, 또 바스락거리는 낙엽을 지금 빨리 밟아보라고 말이다. 제천 쪽 충주호의 만추 풍경이 예쁘다고 해서 다녀왔다. 옥순봉 바위에 단풍이 곱게 앉았다. 여염집 같은 정방사 가는 길은 낙엽이 지천이었다. 또 한 번의 가을이 고운 추억으로 남았다.

우선 충주호에 대해 짚고 넘어갈 것 하나. 충주호는 1985년 충주댐이 들어서면서 생긴 인공호수다. 호수는 충주, 단양, 제천에 걸쳐 생겼다. 그런데 이 때 제천의 수몰지역이 가장 넓었다. 특히 청풍마을은 대부분 물에 잠겼다. 그래서 호수의 공식 명칭은 충주호지만, 제천 사람들은 이 호수를 아직도 청풍호라 부른다.

호수의 끝에서 끝까지 130리(약 52km)나 된다. 충주호가 '내륙의 바다'로 불리는 이유다. 어쨌든 호수의 만추 풍경이 참 예쁘다. 특히, 유람선을 타고 호수 위에서 풍경을 바라보는 재미는 산행의 그것과 또 다르다. 제천 쪽에서 유람선은 청풍나루에서 옥순대교를 지나 장회나루까지 오간다. 배를 타고 가는 시간은 20여 분에 불과하지만 절경을 병풍 삼고 풍류를 즐기던 옛 시인묵객들의 뱃놀이 못지 않은 운치가 있다. 세월이 흘렀어도 풍류를 즐기는 방법은 예나 지금이나 변함이 없다.

이 구간 볼거리는 단연 옥순봉과 구담봉이다. 옥순봉은 옥같이 흰 암봉이 대나무처럼 솟았다고 해서 붙은 이름이다. 높이가 무려 290m에 달한다. 퇴계 이황이 단양군수로 재직하던 때 여기에 '단구동문(丹丘東門)'이라는 글을 새겨 단양의 관문이 되었다고 전해진다. 지금은 단양8경에 들어 있다. 구담봉은 물 속에 비친 바위가 마치 거북의 등껍질을 닮았다고 해 이름이 붙었는데, 이곳 역시 숱한 풍류의 대상이 됐다. 유람에서 바라보는 두 암봉의 모습은 웅장하고 위엄이 있다.

옥순봉과 호수를 한 번에 조망할 수 있는 곳은 옥순대교 인근 전망대 부근이다. 전망대도 좋긴 하지만 키 큰 나무 때문에 시야가 답답하다. 전망대에서 약 10m 정도 올라가면 훨씬 보기가 좋다. 캔버스 군데군데 붉은 점을 찍어 놓은 듯한 옥순봉 단풍이 참 이색적이다. 전망대까지는 나무계단이 잘 갖춰져 있고, 전망대 위로는 흙길이다.

늦은 오후, 볕 받은 호수와 빛깔 고운 단풍

정방사 가는 길에 만난 만추

　호수를 따라가는 도로는 국내에서 손꼽히는 드라이브 명소다. 만약 가을에 드라이브를 한다면 볕 고운 아침이나 늦은 오후가 제격이다. 단풍을 배경으로, 가을볕이 은은하게 부서지는 호수 풍경은 문학적 감수성을 자극할 만큼 로맨틱하고 환상적이다. 여기에 안개까지 살짝 걸치면 분위기는 한층 고조된다.

　호수를 따라가면 볼거리들을 많이 만난다. 드라마 촬영장도 들를 수 있고, 번지점프를 할 수 있는 청풍랜드도 갈 수 있다. 수몰지역의 문화재 등을 옮겨놓은 청풍문화재단지는 늦가을 산책하기에 좋고, 능강솟대문화공원은 벤치에 앉아서 가을 서정을 음미하기에 좋다. 솟대는 긴 장대에 새 형상의 조각을 얹은 일종의 장승같은 것인데, 이를 전문으로 전시하는 곳은 능강솟대문화공원이 유일하다.

여기에 꼭 들러봐야 할 곳 딱 하나만 더 추가하자. 금수산 자락 신선봉 능선에 있는 정방사다. 이곳 가는 길은 단풍과 낙엽이 지천이라 참 예쁘다. 여기에다 절집에서는 겹겹이 늘어선 내륙의 준봉들과 충주호가 한 눈에 바라보이는데, 이 풍경이 또한 장관이다. 이 절의 분위기는 큰 사찰처럼 엄숙하지도, 위압적이지도 않다. 건물과 계단 등이 여염집처럼 따뜻하고 편안하다. 원통보전, 그 옆의 나한전이 특히 운치가 있는데, 이 가람들의 빛바랜 단청에서는 세월의 흔적을 고스란히 느낄 수 있다.

정방사는 해우소도 참 멋지다. '큰일'을 보는 곳에 사람 눈높이에 맞춰 창문을 냈다. 이를 통해 청명한 풍경이 파노라마처럼 펼쳐진다. 근심을 해소시켜 줄 만한 풍경이다.

가는길 충주호와 인접한 청풍으로 바로 가려면 중앙고속도로 남제천IC가 빠르다. 제천 시내로 가려면 중부내륙고속도로 감곡IC로 나와 38번 국도를 이용하거나 중앙고속도로 제천IC를 이용하는 것이 낫다.

맛집 청풍면에는 한우집들이 많다. 임가네한우(043-645-0090)는 현지인들도 즐겨 찾는 곳. 의림동에 있는 바우본가(043-652-9931)는 현지인들이 추천하는 순채 및 해독음식 전문점이다. 제철 산나물과 각종 한약재를 이용해 정갈한 음식을 낸다.

잠잘곳 스위스 샬레 스타일로 지어진 제천 클럽이에스리조트(02-508-4144)는 개관 때부터 자연경관을 최대한 살린 리조트로 유명세를 탄 곳. 특히, 가을에는 리조트 뒤쪽 산책로를 비롯해 리조트 내 도로와 숲길에 단풍이 들고, 낙엽이 쌓여 운치가 있다. 객실은 물론 리조트 전역에서 호수를 조망할 수 있는 것도 특징이다.

볼거리 제천은 한약재 집산지다. 화산동과 왕암동에 약초도매시장이 있는데, 규모는 비슷하지만 화산동 약초시장이 역사가 길고 더 유명하다. 제천의 약초시장은 여느 곳과 달리 초재시장으로 유명하다. 즉, 자르지 않은 재료를 파는 대형 도매시장인 셈이다. 제천의 약초시장은 이러한 초재를 자르는 기술과 관리가 뛰어난 것이 특징이다. 도매시장이지만 개인이 소량 구매도 가능하다.

#30

간월재

주소 울산광역시 울주군 상북면 등억리(간월재)
여행적기 9월 말~10월 초
주변 여행지 석남사 · 자수정동굴 · 대왕암공원 · 고래박물관 · 슬도
문의 울주군청 문화관광과(052-229-7643)

가을볕에 빛나는 은빛 수술
구름처럼, 파도처럼 물결친다

초목들이 스스로를 비우는 때다. 한여름 무더위와 싸워가며 치열하게 키운 잎들을 가을이면 아낌없이 버린다. 어찌 보면 초목들이 사람보다 처세에 능하다는 생각이 드는 것도 이 때문이다. 단풍이 그렇듯, 가을을 일깨우는 억새 또한 하늘 가까운 곳부터 절정을 이루기 시작한다. 까다롭지 않은 성품이라 이산저산 쉬 눈에 띄지만, 억새꽃의 고운 날갯짓을 제대로 보려는 여행자들은 다리품 팔아 억새 명산을 찾아간다. 울산광역시 울주군 간월재도 그 중 한 곳이다. 이른바 영남알프스의 산군 중 하나로, 억새 명산으로 널리 알려져 있다. 간월재에서 동해 바다도 지척이라 시원한 바닷바람도 쐴 수 있으니, 이만하면 늦가을에 맞는 종합여행선물세트가 아닐까.

\# **카메라** 니콘 D3 **렌즈** 24~70mm **감도(ISO)** L 1.0 **셔터스피드** 1/125 **조리개** F8 **촬영
장소** 간월재 전망 데크 **촬영팁** 간월재는 오전과 오후 빛의 방향, 색감 등이 확연히 다르다.
울주 시내를 배경으로 푸른빛이 도는 억새 사진을 얻으려면 해돋이 때 올라야 한다. 저속
셔터로 바람에 흔들리는 억새를 찍으면 전혀 색다른 느낌을 준다.

한여름의 억새는 억세다. 그러다 가을이 깊어

질수록 억새 줄기는 비워지고 가벼워진다. 서슬이 퍼렇던 잎사귀의 날도 무뎌져

부드럽기까지 하다. 스치기만 해도 살갗을 찢고, 붉은 피를 탐했던 혈기방장함이

많이 누그러진 게다. 그렇게 자신을 비우고 가벼워지니 너른 바다를 이루게 되었

을 터. 텅 비었으되 되레 충만하다.

울산시와 경남 밀양시 일대를 빙 둘러친 영남알프스에는 대표적인 억새 명산

이 밀집돼 있다. 신불산이 그렇고, 간월산과 재약산(천황산) 등에도 드넓은 억새

평원이 펼쳐져 있다. 사람마다 평가는 다르다. 넓기로 치자면 단연 밀양 재약산

사자평이다. 이름만으로도 억새들의 울림이 사자후처럼 무겁게 다가온다. 어떤

이는 빼어난 자연미와 주변 산세가 잘 어우러진 신불산 억새평원을 첫손에 꼽는

다. 물론 사자평의 식생에 변화가 생기면서 억새의 면적이 적잖이 줄었다는 '상대

평가'도 잊지 않는다. 또 어떤 이는 간월재 억새 군락의 내밀한 자태를 으뜸으로

친다. 하지만 어떤 곳을 앞세우느냐는 오로지 발품을 팔아 억새와 마주한 자신만

의 몫이다.

장소 못지 않게 보는 시점에 따라서도 분위기가 사뭇 달라진다. 이른 아침, 해

가 사위를 비추기 시작할 무렵엔 푸른빛이 감도는 하얀색 옷을 입는다. 밝고 역동

적이다. 해질 무렵엔 서쪽 하늘을 닮아 붉은 빛이 감도는 노랑 빛을 한다. 처연하

면서도 농염하다. 빛을 담아내는 억새의 기교가 놀랍다.

억새를 좋아하는 산꾼들은 여기에 하나를 더한다. 교교한 달빛 아래 하늘거리는

억새의 자태다. 이른 시간 간월재에 오르면, 나무 데크 위 텐트에서 아침을 맞는

사람들을 어렵지 않게 본다. 그 중엔 출근 복장으로 말끔하게 갈아입고 산을 내려

가는 사람도 있다. 산이 좋고 억새가 좋아 이른바 '비박산행'을 감행한 이들의 변을

듣자니, 사위가 적막한 달밤에 억새들이 몸을 부딪치며 사르락 사르락 소리를 듣

는 게 좋단다. 깨끗한 공기를 마시며 잠에서 깨는 행복은 더 말할 필요도 없다.

간월재까지는 임도를 따라 차를 타고 오를 수 있다. 이렇게 장쾌한 풍경과 이

렇게 쉽게 마주할 수 있다는 것이 되레 미안할 정도다. 하지만 가는 길이 순탄하

간월재의 억새 군락

지만은 않다. 일부 구간을 제외하고는 요철이 심한 비포장도로다. 승용차라면 각별히 조심해야 한다. 그나마 11월부터는 산불예방 차원에서 차량통행이 전면 금지된다. 아울러 간월재 오르내리는 임도는 일방통행으로 운용되고 있다는 것도 잊지 말자.

간월재(900m)는 신불산(1159m)과 간월산(1068m)의 능선이 내려와 만난 자리다. 두 산의 능선을 타고 내려온 억새들이 이곳에서 만나 거대한 억새바다를 펼쳐 보인다. 절경이다. 바람이 산자락을 간질일 때마다 하얗게 물결치는 모습은 영락없는 파도다. 나무 데크를 따라 걸으며 온몸으로 억새를 느껴 보시라. 시인 최승호가 억새를 두고 '달빛보다 희고, 이름이 주는 느낌보다 수척하고, 하얀 망아지의 혼 같다'고 노래한 까닭을 어렵지 않게 짐작할 수 있다.

평지와 달리 간월재 억새들은 한결 같이 키가 작다. 이는 정상부 계곡과 능선에 늘 강한 바람이 불기 때문이다. 바람에 맞서지 않고, 어우러져 살기 위해 스스로 몸을 낮췄다는 뜻이다. 겸손의 미덕이다. 자연은 이렇게 세세한 곳에서도 인간에게 반면교사 노릇을 한다.

내친걸음으로 신불산 억새평원까지 가는 것도 좋겠다. 간월재에서 2시간 거리. 왕복 4시간 가량 소요되는 만만찮은 코스다. 간월재에서 신불산을 오르다 보면 계곡의 기울기가 여느 산에 견줘 몹시 급박하다는 것을 단박에 알게 된다. 박맹언 부경대학교 총장은 저서 '돌이야기'(산지니 펴냄)를 통해 그 까닭을 밝히고 있다. 요약하면 이렇다.

마지막 빙하기였던 신생대 홍적세(12만5,000년 전) 동안 간월산과 신불산 정상도 빙하로 덮여 있던 것으로 추정된다. 빙하가 무게를 견디지 못해 거대한 돌들과 함께 산 아래로 이동했고, 그 과정에서 가파른 계곡이 형성됐다는 것. 빙하와 함께 운반된 큰 바위들은 계곡이나 평지에 미아석(표이석), 이른바 '집 잃은 돌'을 남긴다. 신불산과 간월산 골짜기에서 언양 작천정에 이르는 동안 유난히 자갈더미와 미아석이 많은 것도 바로 그 때문이다.

빙하는 간월재 아래 죽림굴(竹林窟)에 한층 분명한 흔적을 남겼다. 죽림굴은 가

간월재 억새 군락(아래)과 나무데크로 조성한 산책로(위)

톨릭의 성지 중 하나로, 조선시대 천주교 박해를 피해 머물던 가톨릭 교인들이 생쌀을 씹으며 연명했다는 곳이다. 책에서는, 거대한 바위들이 산 아래로 내려오다 포개졌고, 그때 생긴 빈 공간이 죽림굴일 가능성이 높다고 본다. 또 이는 국내에서 보기 힘든 영남 알프스만의 지질학적 특성이라는 것. 한반도 어느 곳이든 빙하기를 지나지 않은 지역은 없을 것이다. 하지만 그 흔적이 여실히 남았다니, 불현듯 압축된 시간 사이에 서 있다는 짜릿한 느낌이 몰려온다.

간월재에서 된비알을 오르다보면 곧 신불산 정상. 가을 옷으로 갈아입기 시작한 칼바위가 장엄한 자태를 뽐낸다. 멀리 기묘한 형태의 암릉들도 제 자태를 뽐낸다. 신불평원은 그 아래 광활하게 펼쳐져 있다. 간월재 억새가 부드럽고 온화한 능선을 따라 펼쳐져 있는 탓에 여성적인 면이 강하다면, 신불산 억새는 거칠고 남성적이다. 멀리서 보면 매가 날개를 편 듯하다는 산세도 이 같은 분위기를 거든다.

산바람으로 머리를 식혔으니 갯바람으로 폐부를 씻을 차례. 울산시 동구 방어진

항 끝에 슬도(瑟島)라는 작은 섬이 있다. 모래가 굳은 사암으로 이뤄진 무인도. 슬도라는 이름의 유래가 재밌다. 섬 주변 바위마다 패류가 들어가 살면서 만든 것으로 여겨지는 작은 구멍들이 나 있는데, 이 위로 파도가 칠 때면 좌르륵 좌르륵~ 거문고 소리가 난다 해서 이름 지어졌다. 선조님들, 과장이 심하시다. 아무렴 거문고 뜯는 소리야 날까마는, 비유적인 표현이 여간 감각적이지 않다.

슬도 뒤편은 성끝마을이다. 그런데 이 곳, 거대 도시의 외곽치고는 의외로 옛 풍경이 많이 남아 있다. 투박한 돌을 쌓아 만든 예전 방파제며, 그 안에 다닥다닥 붙어 있는 집들이 그렇다. 슬도를 바라보는 마을 언덕의 낡은 슬레이트 지붕과 시멘트 담장도 정겹다. 마을 앞바다는 현대미포조선소의 거대한 선박들로 막혀 있지만, 되레 그 탓에 더 안온한 느낌을 받게 된다.

여행메모

가는길 경부고속도로 언양IC → 35번 국도 포항·경주 방면 → 언양교차로 P턴 → 24번 국도 밀양 방면 → 69번 지방도 석남사·배내골 방면 → 덕현삼거리 → 석남사 → 3km 직진 뒤 좌회전 → 5.5km 직진 → 신불산폭포자연휴양림 이정표 앞 좌회전 → 4.6km 직진 → 간월재 순으로 간다. 간월산과 신불산 원점회귀 산행을 할 경우, 등억리 간월산장(052-262-3141) 주차장에 차를 두고 가면 된다. KTX 울산역이 개통되면서 울산역~간월재를 잇는 대중교통편도 조만간 개설될 예정이다. 현재는 언양터미널에서 시내버스가 한 시간 단위로 운행되고 있다. 상북면사무소(052-229-8316)

맛집 작천정 옆 작천정휴게소(052-262-1662)는 피라미매운탕이 맛있는 집. 2만5000원. 언양불고기집들은 대부분 언양 읍내 외곽에 몰려 있다. 1인분 1만6000원선.

잠잘곳 등억리 등억온천지구에 대규모 숙박단지가 조성돼 있다. 가족이 갈 경우 간월재 입구 펜션을 찾는 게 좋겠다. 주중 5만원선.

볼거리 간월재까지 가서 석남사(052-264-8900)를 빠뜨리면 서운하다. 석남사 입구에서 절집까지 걸어가는 10분 거리의 길은 떡갈나무 등 활엽수들이 길 좌우로 우거져 운치를 더한다. 언양 인근 자수정동굴나라(052-254-1515)는 길이 2.5km의 인공동굴로 자수정광산을 관광지로 개발했다. 신라시대 문무왕의 왕비가 묻혔다는 슬도 인근의 대왕암공원에서 바닷가 산책을 즐기는 것도 좋겠다.

\# 31

고삼저수지

주소 경기도 안성시 고삼면 월향리 102(고삼저수지)

여행적기 4월 초~11월 초

주변 여행지 남사당놀이전시관 · 청룡사 · 칠장사 · 미리내성지 · 석남사 · 죽주산성

문의 고삼저수지 감시소(031-673-6433), 안성시 문화관광과(031-678-2495)

꿈결처럼 아득한
안개 속 무욕(無欲)의 호수

이른 새벽, 물안개가 하얗게 피어난다. 안개 속 어딘가에서 물오리가 자맥질
하느라 첨벙거린다. 안개 너머에서 낚싯대를 드리운 강태공이 소리 없이 노
를 저어 온다. 세상이 무성영화의 한 장면처럼 아주 조용히, 느릿느릿 움직
인다. 그 안개를 밀치며 해가 솟는다. 황금색 노을이 안개에, 수면에 스민다.
수초에서 날아오른 왜가리 한 마리가 노을을 찢으며 날아간다. 늦가을 아침,
고삼저수지에는 우리가 만나고 싶어 소망하는 호수의 모습이 펼쳐졌다.

카메라 니콘 D3 렌즈 니콘 70~200mm 감도(ISO) 400 셔터스피드 1/60 조리개 F5.6
촬영장소 고삼저수지 촬영팁 저수지의 물빛은 계절과 주변 풍경의 영향을 많이 받는다. 이
미묘한 변화를 찍으려면 공기가 투명한 이른 아침부터 오전이 좋다. 이른 새벽 먹잇감을 찾아
나선 새들과 물안개와 보트가 그리는 풍경은 부지런한 이들에게 주어진 특별함이다. 저수지
에 보트와 같은 피사체가 없어 허전하다면 잡초나 갈대, 나무 등을 걸고 찍는 것도 방법이다.

 가을 안개를 만날
수 있는 곳이다. 김기덕 감독이 메가폰을 잡은 영화 《섬》의 촬영지로도 널리 알려
진 이곳에서는 물안개가 연출하는 고요하면서도 신비로운 아침 이미지와 마주할
수 있다.

1963년에 완공된 고삼저수지는 육지 속의 바다라고 불릴 만큼 넓다. 저수지의
넓이는 84만평. 주변에 오염원이 없어 수질이 깨끗할 뿐 아니라 수초가 풍부해
붕어·잉어·배스 등 씨알 굵은 물고기들의 입질이 잦다.

그러나 고삼저수지의 규모가 크다고 해서 광활한 분위기를 띄지는 않는다. 오히

물안개 자욱한 저수지에서 낚시를 하는 강태공

려 아늑하다. 저수지로서는 보기 드물게 물 한가운데 섬들이 떠 있기 때문이다. 고삼저수지에는 용이 나왔다 해서 그것을 기리는 비석을 세웠다는 비석섬, 섬이 8자 모양으로 생긴 팔자섬, 동그랗게 생긴 동그락섬 등 3개의 무인도가 있다. 이 섬들이 서로 조화롭게 어울려 수면을 장식하고, 아기자기한 분위기를 연출한다.

고삼저수지는 강태공이 몰리는 낚시의 메카다. 저수지를 빙 둘러가며 향림·양촌·삼은·꼴미 등 이름도 아름다운 낚시터가 즐비하다. 낚시용 좌대만도 120여 개나 된다. 강태공에겐 그야말로 천국이나 다름없다.

이 중에서도 인기가 많은 곳은 영화 《섬》에 등장한 좌대와 선착장이 설치됐던

향림마을이다. 지금은 물론 그 자취가 사라지고 없지만 영화를 본 사람이라면 익숙한 주변 풍경이 눈에 들어온다. 버드나무와 우거진 수초, 그리고 수십 개의 수상 좌대가 어울려 있는 풍경이다.

고삼저수지의 속살을 제대로 보고 느끼려면 방갈로형의 수상 좌대를 이용하는 것이 좋다. 좌대까지는 선착장에서 나룻배를 타고 노를 저어 간다. 은은한 달빛과 별을 벗 삼아 노를 저어 가는 운치가 그만이다.

수상 좌대에 있는 방갈로는 2평 남짓한 크기로 아담하다. 이곳 좌대는 아무도 방해하는 이가 없어 강태공들만의 세상을 만들어준다. 밤이 되면 좌대마다 설치한 낚싯대의 야광찌가 반딧불이처럼 반짝이며 칠흑같은 저수지를 아름답게 수놓는다.

어둠 속에 고요하던 저수지는 갑자기 술렁일 때가 있다. 누군가 월척을 낚는 순간이다. 낚싯바늘을 문 붕어가 퍼덕이면서 만든 물살이 퍼져 나가면서 수면이 흔들린다. 붕어와 낚시꾼의 한바탕 힘겨루기는 보는 이들에게도 긴장감을 불러일으킨다. 마치 자신이 붕어와 씨름을 하는 것처럼 흥분된다. 붕어가 마지막 저항을 끝으로 순순히 끌려 나오면 기쁨과 부러움이 교차한다. 고삼저수지의 밤은 그렇게, 강태공과 물고기가 낚싯대를 사이에 두고 교감을 나누면서 조용조용 깊어간다.

어느새 별도 달도 지고, 새벽이 열린다. 고삼저수지가 가장 아름다워지는 시간이다. 푸르스름한 새벽 여명이 밝아오면 저수지가 깨어난다. 동편 하늘이 부옇게 밝아오면 자욱하게 물안개가 피어오르기 시작한다. 물안개는 아침노을에 주홍빛으로 젖어가며 좌대와 나룻배를 휘감고, 수초 멀리까지 퍼져 나간다. 한 폭의 수묵화라 함은 분명 이런 풍경일 것이다. 그때쯤이면 강태공의 심정이 이해가 된다. 밤새 한 마리의 붕어도 낚지 못하는 허탕을 치고도 이처럼 아름다운 물안개와 여명을 볼 수 있기 때문에 그들의 마음은 기쁠 것이다.

고삼저수지는 가을이 가장 아름답다. 수면을 붉게 물들이는 단풍과 밤낮의 큰 일교차로 피어나는 물안개가 한데 어울려 몽환적 풍경을 연출한다. 그 풍경 속으로 나룻배는 소리도 없이 미끄러져간다. 그 조용한 물질에도 물오리 떼는 후다닥 날아올라 노을 속에서 힘찬 날갯짓을 한다. 강태공들은 또 그 모습을 보며 한가롭게 세월을 낚고 있다.

여행메모

가는길 경부고속도로 안성IC를 나와 38번 국도를 이용해 안성 방면으로 가다 당왕 사거리에서 좌회전해 70번 지방도로를 타면 된다. 또 영동고속도로 양지IC에서 3번 국도를 타고 안성 방면으로 가다 칠성주유소에서 우회전해도 된다. 고삼저수지를 한 바퀴 도는 데 자동차로 1시간, 자전거로는 4시간쯤 걸린다.

맛집 수상 좌대를 대여해주는 향림마을의 금터낚시터(031-674-3642)의 메기매운탕과 붕어찜이 별미다. 또 안성 시내에 있는 안성댁가마솥장국밥(031-673-2606)은 구수하고 담백한 맛의 장터국밥으로 유명하다. 3대째 가업을 잇는 사장의 손맛이 옛 안성장터의 명맥을 이어오고 있다.

잠잘곳 수상 좌대는 하룻밤 빌리는데 3인기준 6만원 정도 한다. 너리굴문화마을(031-675-2171)은 가족끼리 오붓하게 하룻밤을 보낼 수 있는 숙소도 제공한다. 특히 칠보공예, 천연염색, 신체캐스팅 등 체험거리 또한 다양하다. 저수지를 따라 도로변에는 민박이나 펜션들도 즐비하다.

볼거리 안성에는 고삼저수지 말고도 이름난 저수지가 많다. 금광호수는 호반 드라이브 코스가 좋으며, 경치 좋은 곳마다 이색적인 찻집이 박혀 있어 주말 가을 나들이 코스로 그만. 안성시내에 있는 남사당전수관(031-678-2492)에서는 남사당놀이가 열린다. 또 고삼지 주변에는 미리내 성지와 너리굴문화마을 등 둘러볼 곳도 많다. 고삼지 북쪽으로 10분쯤 차를 달리면 미리내 성지가 있고, 남쪽으로 15분쯤 거리에는 너리굴문화마을이 있다.

#32

의신계곡

주소 경남 하동군 화개면 대성리 1389-2(의신마을회관)

여행적기 6월~10월

주변 여행지 칠불사 · 쌍계사 · 화개장터 · 《토지》 세트장 · 악양뜰 · 하동송림

문의 화개면사무소(055-880-6050)

꽁꽁 숨겨 놓고 싶은
지리산의 보물단지

오랫동안 용케 사람들의 시선에서 비켜서 있었다. 경남 하동군 지리산 자락의 의신계곡 얘기다. 쉽게 접근하기 어려운 오지인 데다 주변에 쟁쟁한 관광명소들이 즐비해 구태여 사람들이 그곳까지 눈길을 줄 까닭이 없었던 게다. 되짚어보면 지리산의 여느 자락에 견줘 태곳적 풍경을 비교적 온전하게 담아 둘 수 있었던 것도 그 덕이라 여겨진다. 소수의 전문 산꾼만이 눈길을 주던 그곳, 용소와 쿵쿵소 같은 비경이 사람들의 시선을 기다리고 있다.

\# **카메라** 니콘 D3 **렌즈** 24~70mm **감도(ISO)** L 1.0 **셔터스피드** 1/60 **조리개** F8 **촬영장소** 칠불사 **촬영팁** 둥근 연못과 만추, 그리고 촌로들이 잘 어울렸다. 시간도, 계절도, 사람도 세월 저편으로 떠날 준비를 하는 느낌을 사진으로 옮겼다. 적절한 인물 배치는 자칫 단조로울 수 있는 구도에 생동감을 준다.

8 8 고 속 도 로 를 이 용 해 의신계곡을 찾아갈
때는 반드시 지리산IC를 이용할 것을 강추한다. 지리산 성삼재와 구례·하동을
거치는 동안 '한국의 아름다운 길'로 선정된 길들과 함께하는 즐거움이 여간 각별
한 게 아니다. 구례와 하동을 잇는 섬진강변 861번 지방도로며 벚나무가 터널을
이룬 1023번 지방도로 등 그 자체로 여행 목적지가 될 만한 명소들이 줄을 섰다.
그 길에서 만나는 화개장터 같은 지리산 풍경은 덤이다.

의신계곡은 지리산의 중심부, 벽소령 아래에 있다. 행정구역은 하동군 화개면
대성리. 화개장터를 에둘러 온 1023번 지방도로가 끝나는 곳에 자리하고 있으니
지리산의 여러 계곡 중에서도 오지에 속하는 편이다. 이곳에서 시작되는 등산코
스만 줄잡아 20여 개쯤 된다. 삼정마을을 거쳐 벽소령으로 향하거나 대성계곡을
끼고 세석평전까지 오르는 등산로가 대표적이다. 이렇듯 산행 들머리로만 여겨
진 탓에 지금껏 사람들의 시선에서 살짝 비켜서 있었을지도 모르겠다.

의신계곡을 즐기는 방법이야 저마다 다를 터다. 산악자전거를 타고 한국전쟁
당시 조성됐던 군사 작전도로를 따라 한 바퀴 돌아보거나, 조붓한 임도를 따라 여
유 있게 등산을 즐길 수도 있다. 하지만 의신계곡 특유의 풍경과 제대로 마주하려
면 계곡 트레킹에 나서는 것이 좋겠다. 웅장한 바위들과 계곡물이 어우러지며 만
들어 낸 빼어난 아름다움은 우리나라 어디서고 쉽게 접할 수 있는 풍경이 아니다.
다만 출발 전 의신마을이나 국립공원관리공단에 꼭 출입신청을 해야 한다. 출입
제한 지역이기 때문이다.

트레킹은 의신마을을 들머리 삼아 용소와 쿵쿵소 등을 거쳐 빗점골까지 다녀
오는 게 일반적이다. 거리는 7km 남짓. 왕복 6~7시간 정도 소요된다. 중간중간
주변의 임도를 이용할 경우 3~4시간이면 다녀올 수 있다.

의신마을에서 임도를 따라 10분 정도 오르면 왼쪽으로 개인 소유의 암자가 나
온다. 암자에서 한 굽이 돌아가면 거대한 암석군과 만난다. 의신계곡 최대의 볼
거리 용소다. 당당하게 하늘을 이고 선 바위들의 규모도 그렇거니와 계곡물이 서
너 굽이 휘돌아가며 만들어 놓은 작은 소와 폭포들이 절묘하고 아름답다. 하나같

가을이 완연한 의신계곡 쿵쿵소

의신계곡 초입에 있는 암자의 석불(왼쪽)과 바위에 달린 풍경(오른쪽)

이 범상치 않은 모습들이다. 용소 오른쪽 바위 위편의 소나무를 꼭 기억해 두시라. 주민들이 '참남배기'라 부르는 곳으로, 하산길에 들러 의신계곡 전체를 조망하기 딱 좋다.

용소에서 계곡을 따라 20분 남짓 오르면 쿵쿵소에 닿는다. 오랜 세월 쏟아져 내린 폭포수가 바위를 깎아 움푹 파인 공간을 만들었고, 폭포 소리가 그 공간에 부딪치면서 '쿵쿵'하는 소리를 내게 된 것이 쿵쿵소란 이름을 얻게 했다. 단풍나무가 바위와 계곡수를 덮고 있는, 전형적인 늦가을 풍경과 마주할 수 있는 곳이다.

쿵쿵소에서 빗점골까지는 임도를 따라가는 게 좋다. 빗점골로 향하는 길과 벽소령 등산로가 갈라지는 삼정마을에 들러 숨 한자락 내려놓으면 넉넉한 지리산이 가슴 가득 차오름을 느낄 수 있다. 삼정마을 왼편은 빗점골로 향하는 등산로다. 오래 전엔 삼남의 상인들이 자주 오가던 길이었고, 근대에 이르러서는 군사작전 도로로 활용됐던 길이기도 하다. 의신마을 주민들에 따르면 1970년대까지만 해도 빗점골에 주막이 세 곳이나 됐을 만큼 사람들의 내왕이 빈번했다고 한다.

빗점골은 '마지막 빨치산' 이현상이 국군 토벌대에 의해 최후를 맞았던 곳이다. 안내판에 따르면 이현상은 무려 6년 동안 빗점골 내 배나무평전에서 수력발전기를 돌려가며 생활했다고 한다. 배나무평전 400m 위쪽에 이현상의 아지트가 지금까지 남아 있다. 이곳 주민들은 우리나라에서 일어난 모든 전란의 마지막 전적지가 이곳이었다고 믿고 있다. 주민들에 따르면 지리산자락까지 몰린 동학농민군과 갖은 전쟁에 참여했던 의병, 한국전쟁 당시 군인과 빨치산 등이 모두 이곳 산자락에서 최후를 맞이했다고 한다. 아름다운 풍경이기는 하나 어딘가 처연한 분위기가 감도는 것은 아마 그런 까닭이었을 게다.

가는길 경부고속도로 → 천안논산고속도로 → 호남고속도로 익산 분기점 → 익산포항고속도로 → 완주 분기점 → 순천완주고속도로 → 구례IC → 19번 국도 → 화개면 → 1023 지방도 → 대성리가 가장 빠르다. 대전통영고속도로와 남해고속도로를 이용, 하동IC로 나와 19번 국도를 타고 하동읍 지나 구례 방면으로 북상하는 것도 방법이다.

맛집 쌍계사 주차장 곁에 있는 단야식당(055-883-1667)은 산채정식과 사찰국수를 내놓는 집이다. 양념으로 승부하는 다른 식당과 달리 조미료를 사용치 않고 재료 본연의 맛을 내는 것으로 유명하다.

잠잘곳 대성리에 민박과 펜션이 많다. 칠불사로 가는 계곡에는 황토로 지은 펜션도 많다. 지리산 흙집세상(055-883-9164), 아름다운산골(055-883-7601)

볼거리 칠불사와 쌍계사는 오가는 길에 반드시 들러볼 곳이다. 청학동·삼성궁·악양면 최참판댁·하동송림 등도 지척이다. 하동군청 문화관광과(055-880-2375)

#33
자작나무숲

주소 강원도 인제군 남면 수산리 714(자작나무오토캠핑장)
여행적기 10월~4월말
주변 여행지 소양호 · 가리산자연휴양림 · 내린천 · 공작산 수타사
문의 인제군 문화관광과(033-460-2082)

샛노란 단풍모자 쓰고
도열한 순백의 향연

자작나무 예쁜 것은 안다. 백화나무라고 불리며 북반구를 장식하는 나무다.
러시아인들이 자작나무 아래서 태어나 자작나무 아래서 살다가 자작나무 아래에 묻힌다는 그 나무다. 이 땅에는 흔치 않은 자작나무. 그 나무가 빼곡하게 자라고 있는 숲과 마주한 감동은 기대 이상이었다. 나뭇잎이 떨어진 뒤에야 순백의 몸을 드러내는 자작나무숲이라니. 이처럼 순결한 숲이 또 있을까. 이처럼 아름다운 풍경화가 또 있을까. 이건 정말 기대 이상의 감동이었다.

카메라 니콘 D3　**렌즈** 니콘 70~200mm　**감도(ISO)** 320　**셔터스피드** 1/15　**조리개** F14
촬영장소 자작나무숲　**촬영팁** 숲을 찍을 때는 줄지어 선 나무들을 평면으로 구성하거나 입
체적인 원근감을 주는 방법이 있다. 평면으로 찍을 경우 렌즈의 화각 차이를 이용해 나무의
높낮이와 모양, 밑둥치 위치 등에 변화가 있는 장소를 택한다. 자작나무는 초봄 새싹이 돋아
날 때, 늦가을이나 눈이 하얗게 깔린 겨울 풍경을 노리는 것이 좋다.

　　　　　강원도 고성 진부령이나 태백 고원에서
만나던 그 나무. 새벽 짙은 안개 속을 헤매다 가끔 마주치던 그 하얀, 그 순백의
알몸, 잎을 모두 떨어트린 뒤에야 비로소 아름다움을 드러내는 나무.

　자작나무의 아름다움이 가장 도드라질 때는 겨울 초입이다. 활엽수는 모두 잎
을 떨어트렸고, 가장 늦게 잎이 진다는 낙엽송마저 양지 바른 쪽만 잎을 달고 있
을 때, 자작나무는 순백의 수피를 수줍게 드러낸다.

　자작나무 껍질은 희고 부드러우며 윤기가 난다. 그 얇은 껍질은 영하 70도의 추
위에도 수분을 최소화시키면서, 자신을 정갈하게 보이게 만든다. 한편으로는 차가
우면서도 고결함을 잃지 않는 나무, 그것이 자작나무가 가진 낭만이자 매력이다.

　강원도 인제군 남면 수산리 응봉산. 이곳은 강원 북부 산간지역에서나 간혹 볼
수 있는 자작나무가 엄청난 숲을 이룬 곳이다. 수산리는 1973년 춘천 쪽에 소양
댐이 들어서기 전까지만 해도 번듯한 초등학교까지 갖춘 제법 북적이는 마을이었
다. 그러던 것이 소양호 담수가 이뤄지면서 길이 끊겨 섬 아닌 섬이 됐다. 그 사이
초등학교는 분교를 거쳐 폐교가 됐다가 다시 자연학교로 거듭났다.

　자작나무숲은 수산리를 품고 있는 응봉산자락에 들어서 있다. 수산리에서 자
작나무숲을 잘 보려면 높은 곳으로 올라가야 한다. 자작나무숲이 워낙 커서 숲 전
체의 풍경과 마주하려면 높은 곳에 올라 내려다봐야 한다. 응봉산의 잘 다져진 임
도는 자작나무 숲을 내려다보는 특급 전망대 역할을 한다.

산골집은 대들보도 기둥도 문살도 자작나무다.

밤이면 캥캥 여우가 우는 산(山)도 자작나무다.

그 맛있는 메밀국수를 삶는 장작도 자작나무다.

그리고 감로(甘露)같이 단샘이 솟는 박우물도 자작나무다.

산 너머는 평안도땅도 뵈인다는 이 산골은 온통 자작나무다.

- 백석의 시 〈백화〉 중에서 -

　수산리 마을회관 옆 인제자연학교에서 마을 앞 물길을 따라 1km 정도 올라가면 작은 다리 건너 별장이 나온다. 트레킹의 시작지점이다. 여기서 별장을 끼고 돌아 오른쪽으로 직진해 비탈길을 따라 오르면 응봉산 임도다. 차단기가 설치된 곳에서 정상 부근까지는 4km 정도 거리다. 경사가 심하지 않아 힘들이지 않고 올라갈 수 있다. 정상 부근에서 다시 원점으로 회귀하는 6km 구간은 평지와 내리막 길이다. 총10여km 거리로 3~4시간 소요된다.

　1996년에 놓인 응봉산 임도는 산의 8부 능선쯤으로 올라서 산허리를 끼고 돌아간다. 비포장길이지만 그다지 험하지 않다. 흙길을 밟으며 걷는 트레킹 코스로는 그만이다. 임도 초입에서 30여 분을 오르면 마을 뒤쪽으로 흘러내려온 산자락을 가득 메운 자작나무 숲과 마주하게 된다. 그야말로 장관이다. 자작나무는 가파른 사면을 따라 빼곡하게 자리했다. 어찌나 촘촘하게 들어서 있는지, 마치 날카로운

자작나무(왼쪽 사진들)와 응봉산 임도

조각칼로 그린 판화처럼, 순백의 나뭇가지들이 얽히고설키어 있다.

그러나 이게 전부가 아니다. 해발 580m의 임도 정상에 다다르면 자작나무숲은 자연이 부리는 마술처럼 더욱 더 신비로워진다. 하얀 알몸을 드러낸 자작나무 머리 위에는 빨강, 노랑 색칠을 한 것처럼 알록달록한 무늬가 얹혀 있다. 그 화사한 모양은 한 폭의 수채화나 다름없다. 자작나무숲을 감싸고 삼나무와 낙엽송, 잣나무 등이 어울려 있어 더욱 이국적인 풍경을 만든다. 그 숲에 마음을 빼앗기면 깊은 산중에 이렇듯 광활하고 아름다운 자작나무숲을 조성한 이가 궁금해진다.

자작나무숲을 보러가는 응봉산 임도의 다양한 표정

자작나무숲은 국내 유일의 펄프를 생산하는 동해펄프(현 무림P&P)가 1987년 펄프생산을 위해 조림을 시작했다. 자작나무를 수종으로 선택한 것은 자작나무가 고급 펄프 원료인 데다, 자라는 속도도 빠르기 때문. 자작나무숲은 전체 2000ha(20㎢)의 조림지 가운데 600ha나 된다. 이는 서울 여의도 면적의 두 배 크기다.

임도 정상을 지나서도 길은 이어진다. 정상에서 낙엽이 수북하게 쌓인 길을 따라 1시간30여 분쯤 가면 응봉산 자작나무 트레킹의 백미와 만난다. 이곳은 시야가 탁 트여 첩첩이 이어진 산봉우리 멀리 설악산 자락까지 시원스레 펼쳐진다. 그 아래 자작나무숲은 흡사 한반도 모양을 한 채 산비탈을 가득 채우고 있다.

이후로도 응봉산의 산길은 부드럽게 이어지며 능선을 따라 산허리를 감아서 돌아간다. 느긋한 걸음으로 걷는 것만으로도 충분히 즐거운 길이다. 그 길을 따라 돌아 내려오면 자작나무와 낙엽송에서 떨어진 낙엽이 비처럼 내린다. 환하게 빛나는 자작나무의 수피는 또 숲의 전령이 되어 동행을 자처한다.

여행메모

가는길 서울에서 6번 국도를 타고 양평을 지나 44번 국도 홍천. 인제 방향으로 가다 인제군 신남면에서 46번 국도 양구 방면으로 진입한다. 고개를 넘어서자마자 수산리 이정표를 보고 샛길로 접어들어 소양강을 끼고 가다 다리 건너 좌회전하면 수산리다.

맛집 면소지에 주민들이 자주 찾는 식당들이 있지만 추천하기는 아쉽다. 그나마 국도변 식당들을 찾는 게 낫다. 겨울이면 빙어회와 빙어튀김 등을 내놓는 부평리의 동갈보대(033-461-2900)도 외지인들의 발길이 잦은 곳이다.

잠잘곳 응봉산 인근에는 마땅한 숙소가 없지만 지난해에 문을 연 자작나무캠핑장(06-7130-9537)에서 펜션도 운영하고 있다. 인제읍내에는 쾌적한 숙소가 많다. 시외버스터미널에 들어선 하늘그린호텔(033-463-5700)이 깔끔하다. 가족들이 이용할 수 있는 콘도형 객실도 갖추고 있다.

34

금강송숲

주소 경북 울진군 북면 소광2리 131(금강소나무 생태경영림)

여행적기 4월 초~11월 초

주변 여행지 불영사 · 불영계곡 · 성류굴 · 망양정 · 죽변항 · 덕구온천

문의 울진군 산림녹지과(054-789-6828), 금강소나무생태경영림안내소(054-683-4455)

곧게 뻗어 버틴
500년 세월의 향기

새벽이 어둠을 밀어낸 아침, 숲길을 걷는다. 한없이 깊고 아늑한 숲이다. 길섶 산비탈 소나무들이 예사롭지 않다. 밑동은 굵고 줄기는 곧으며 수피는 붉다. 춘양목, 황장목, 금강송으로 불리는 나무다. 소나무라고 다 같은 소나무는 아니다. 태어나고 자란 곳에 따라 모양과 때깔, 기상이 다르다. 그래서 백두대간과 낙동정맥을 따라 자라는 금강송에는 여느 소나무가 견줄 수 없는 기품이 있다. 자태는 미인처럼 곱고, 은은한 솔향기는 산을 넘는다. 그 품에 안겨 있으면 상쾌함에 온몸이 찌르르 울린다.

# #

카메라 니콘 D3

렌즈 니콘 17〜35mm

감도(ISO) 250

셔터 스피드 1/60

조리개 F11

촬영장소 금강숲길

촬영팁 나무는 여럿이 모여 숲을 이룬 풍경도 멋지지만 한 그루씩 단독적인 존재로도 훌륭한 피사체가 된다. 금강송의 웅장함을 표현하기 위해 광각렌즈를 사용했다. 로우앵글로 조리개를 조여 나무의 밑둥치에서 꼭지까지 원근감을 강조했다. 주변에 나무와 대비되는 피사체를 세운다면 주제를 더 돋보이게 할 수 있다.

경북 울진군 서면 소광리. 이곳은 우리

나라 금강송 군락지 가운데서도 최고로 꼽는 곳이다. 낙동정맥의 깊은 오지 속에 보물처럼 숨겨진 이곳은 나무도 저처럼 훤칠한 모습으로 자랄 수 있다는 것을 유감없이 보여준다.

소광리 금강송을 찾아가는 길은 한마디로 장관이다. 잘 생긴 소나무를 품은 기암절벽을 굽이치는 계곡물이며, 새소리, 풀벌레 울음소리가 어우러진 16km의 진입로는 그야말로 자연이 빚어낸 멋진 하모니처럼 보인다. 5.5km의 포장도로와 9.5km 비포장길을 이어달리는 길은 산천경계 구경삼아 천천히 가라고 쉼없이 구불텅거린다. 그렇게 30여분을 달려가면 금강송의 본거지 금강소나무 생태경영림에 닿는다.

금강송숲은 벌목의 칼날을 빗겨나간 지금 500년생 금강송 다섯 그루를 비롯해 30~200년 이상 된 금강송 수만 그루가 빽빽하게 들어차 장관을 이룬다. 이곳은 또 대를 이어 자라날, 즉 '차세대 금강송'이 조림되는 현장이기도 하다. 금강송이 대를 이어 번성할 수 있게 인간이 천이과정을 돕고 있다.

숲은 초입부터 신비롭다. 키 높이를 자랑하듯 올곧게 쭉 뻗은 솔숲 사이로 탐방로가 나 있다. 탐방코스는 천천히 쉬며 걸어도 2시간이면 족하다. 숲으로 성큼 들어서자 문명의 이기인 휴대전화가 불통신호를 보낸다. 숲은 정갈하다. 가끔 다람쥐가 길동무가 되어준다. 진한 솔 향이 코끝을 자극하고, 심호흡 두어 차례에 머릿속까지 청정수로 씻어낸 듯 상쾌한 기분이 든다.

이곳을 처음 찾은 이는 누구나 할 것 없이 와~ 하는 탄성을 지른다. 한 아름이 훨씬 넘는 굵은 적송이 빽빽하게 들어차 있는 데다, 나무들마다 어느 한 곳도 구부러지거나 뒤틀린 데 없이 자태가 곧고 미끈하다. 이 걸출한 금강송은 예로부터 궁궐을 짓는 데 쓰이거나 왕실 장례 때 관을 짜는 목재로 쓰였다. 얼마 전 화마에 휩쓸려 한 줌 재가 된 숭례문 복원에 쓰인 나무도 금강송이다. 숲길을 5분쯤 걷다 보면 얼핏 봐도 자태가 심상찮은 소나무 한 그루가 나온다. 무려 520년 된 '할아버지 소나무'가 떡하니 버티고 있다. 옆으로 뻗은 가지는 마치 푸른 구름을 지고 있는

듯하다. 조선 성종 때 싹을 틔웠다는 이 금강송은 팔뚝 근육을 자랑하는 보디빌더
마냥 우람하다.

　할아버지 소나무를 지나 첫 산책로로 들어서는 다리를 지나면 초록 숲속이다.
능선을 타고 이어지는 숲에는 혈통 좋은 금강송이 적당한 간격을 두고 우뚝 우뚝
솟아있다. 계곡 물 흐르는 소리와 바람이 솔잎을 빗질하듯 쓸고 지나는 소리가 어
우러져 천상의 화음을 선보인다.

금강송이 치솟은 사이로 난 탐방로

능선을 따라 이어진 가파른 길은 전망대에 닿는다. 2시간 탐방 코스 가운데 가장 높은 곳이다. 360도를 돌아봐도 금강송의 바다다. 젊고, 싱싱한, 붉은 빛이 선명한 나무들이 파노라마로 펼쳐진다. 이곳에는 금강소나무 숲의 아픈 과거도 만날 수 있다. 6·25 때 발생한 산불로 비록 일부지만 잿더미로 변해버린 금강송이 지금도 뿌리를 내리고 있다.

금강송 숲이 가장 아름다운 때는 이른 아침과 해질녘. 햇살이 가지 사이로 비스듬히 비치면 가뜩이나 붉은 줄기는 더욱 붉어진다.

전망대에서 내려서면 임도와 만난다. 그 길을 따라 100여m 내려가다 오른쪽 계곡으로 내려선다. 다시 금강송의 연속이다. 숲은 멧돼지 발자국이 선명하고, 이름 모를 나무에서 떨어진 하얀 꽃잎이 점묘화를 그리고 있다. 이 길을 따라 가면 금강송의 진면목을 보여주는 '미인송'을 만날 수 있다. 하늘을 향해 찌를 듯 치솟은 기상이며 대패로 깎아낸 듯 곧은 줄기며, 팔을 벌린 듯 늘어진 가지는 하늘의 기운을 품은 신목이나 다름없다.

미인송에서 조금 더 내려오면 아주 우람한 덩치의 금강송이 길을 막아선다. '여러분이 오시기를 기다렸습니다. 저를 안고 기념촬영하세요'라는 안내판이 서 있는 이 나무의 높이는 무려 35m다. 가슴둘레의 지름은 120mm. 어른 둘이 껴안아도 쉽지 않을 만큼 두껍다. 포토존을 지나면 작은 계곡을 가로질러 다시 임도 위로 올라선다. 여전히 금강송은 주변을 빼곡하게 감싸고 있다. 어느새 몸에 밴 솔향이 코끝을 자극한다.

울진의 금강송 숲길은 여기뿐만이 아니다. 봇짐장수와 등짐장수들이 넘나들던 '굽이굽이 열두 고개 길'로 이어진다. 원래 금강송 숲길은 보부상길로 불렸다. 이 길은 울진에서 봉화까지의 130리(52km) 거리다. 이 중 30여리(13.5km)가 일반인에게 개방됐다. 하루 80명 안팎의 인원만 제한적으로 허용한다. 고개는 열두 고개 중 바릿재와 샛재, 두 개를 넘는다.

가는길 영동고속도로 만종분기점에서 중앙고속도로를 탄다. 풍기(또는 영주)IC를 지나 36번 국도 봉화. 울진 방면으로 가다 통고산자연휴양림 입구에서 3km쯤 달린 뒤 광천교에서 소광리 금강숲 방면으로 간다.

맛집 울진은 전국 최대 송이 생산지다. 소나무 중의 으뜸인 금강송 아래에서 생산되는 송이는 향이 강하기로 소문났다. 또 육질이 단단하고 쫄깃하게 씹히는 맛이 일품이다. 울진읍내에는 송이요리를 하는 식당들이 많다. 그 중 남양숯불갈비(054-783-2357)는 쇠고기를 넣은 송이전골, 송이밥, 송이구이, 송이 회 등을 잘한다. 후포항에는 대게와 더불어 홍게도 유명하다. 울진 앞바다 심해에서 건져 올린 홍게는 제철에 먹으면 그 맛이 대게 못지 않다. 왕돌수산(054-788-4959)은 게를 전문적으로 취급하는 식당으로 홍게와 대게의 참맛을 즐길 수 있다.

잠잘곳 울진에는 숲이 짙은 만큼 휴양림이 좋다. 구수곡자연휴양림(054-783-2241)과 통고산자연휴양림(054-782-9007) 등이 첫손으로 꼽히는 숙소다. 신선계곡을 가겠다면 한화리조트 백암이 좋겠고, 금강송숲길을 찾아간다면 덕구온천관광호텔(054-782-0677)이 맞춤하다. 금강송 숲길의 출발지와 종착지인 두천리와 소광리 주민들이 민박을 친다.

볼거리 금강송숲과 가까운 거리에 천년 고찰 불영사가 있다. 산자락의 바윗돌이 마치 부처상 모양으로 연못에 비친다고 해서 불영(佛影)이다. 서면 하원리에서 근남면 행곡리까지 이어진 15km의 불영계곡은 한국의 그랜드 캐니언으로 불린다. 이밖에 울진에는 국내 유일의 자연 용출 온천으로 유명한 덕구온천과 성류굴 등이 있다.

겨울

winter

#35

천수만

주소 충남 서산시 부석면 간월도리 16-11(간월암)

여행적기 사계절

주변 여행지 서산방조제·간월암·꽃지해수욕장·안면도자연휴양림·팜카밀레

문의 철새기행전위원회(041-669-7744), 서산시 문화관광과(041-660-2224)

노을 붉은 하늘
어질어질 수놓는 철새의 군무

기다림은 길었다. 가창오리는 쉽게 날아오르지 않았다. 석양이 서편 하늘에
서 스러지고, 감색 노을마저도 사그라져 창공에 푸른빛이 감돌 때까지도 기
척이 없었다. 그러나 한순간이었다. 수면을 박차고 날아오른 가창오리 무리
가 하늘을 새까맣게 뒤덮었다.
에 맞추기라도 하듯이 한 몸이 되어 나는 가창오리의 군무는 황홀했다. 일필
휘지로 써내려가는 붓글씨처럼 하늘을 날던 검은 새떼는 한순간 어딘가로 사
라졌다. 마치 꿈을 꾼 듯한 느낌이라면 이해할 수 있을까. 다만, 신발 속 시린
발이 오랜 시간 자리를 지키고 있었음을 일깨워줬다.

\#　**카메라** 니콘 D3　**렌즈** 니콘 70~200mm　**감도(ISO)** 250　**셔터스피드** 1/80　**조리개** F5.6
촬영장소 간월도　**촬영팁** 해질녘의 촬영은 노출이 중요하다. 해가 마지막 시뻘건 광채를 내뿜을 때는 석양을 정면으로 찍는 것을 피하고, 주변에 눈을 돌려 붉게 물든 노을을 잡는 것이 좋다. 이때 망설이지 말고 노출을 바꿔가며 사진을 여러 장 찍는 것이 포인트다.

초 겨 울 은 나 들 이 하 기 가 꺼려지는 때이다. 가을빛은 지고 눈은 아직 없어 볼 만한 풍경이 적다. 하지만 색다른 여행의 묘미를 맛볼 수 있는 시기이기도 하다. 그 중 하나가 철새다. 해마다 찾아오는 '겨울 진객'은 생명이 스러지는 계절에 생동감을 준다. 특히, 해질녘에 펼쳐지는 수만 마리 가창오리의 군무는 자연에 대한 경이로움을 안겨준다.

천수만은 철새를 보러 가기 좋은 곳이다. 철새 보러 가는 길에 낙조의 명소인 간월암도 곁들인다. 여기에 천수만의 찰진 갯벌에서 나는 굴이나 새조개 같은 싱싱한 제철 별미까지 곁들이면 여행이 한결 풍성해진다.

1980년대 간척사업으로 15만5000ha에 이르는 바다가 농지와 담수호로 변한 천수만은 세계적인 철새 도래지다. 여의도 면적의 17배에 달하는 이곳에 해마다 큰기러기와 가창오리, 혹부리오리 등 40여 만 마리 철새가 모여든다. 특히 30여 km에 이르는 간월호 제방 주변은 말 그대로 철새들의 삶의 터전이자 낙원이다.

　천수만 철새탐조는 한편의 감동적인 드라마다. 자연이 연출하고, 스스로 주인공이 되는 그런 드라마다. 간월호를 따라 탐조버스가 움직이면 허공을 가르는 요란한 날갯짓과 거친 새 울음소리가 진동한다. 큰기러기떼의 비상은 어디로 튈지 모를 정도로 무질서의 극치다. 하지만 서로 부딪치는 법이 없다. 마치 잘 훈련된 비행편대처럼 능수능란하게 날아간다.

　수많은 철새가 천수만을 찾지만 최고의 손님은 역시 가창오리다. 가창오리의 고향은 러시아 바이칼호. 겨울이 닥쳐 날씨가 추워지면 먹이를 찾아 시베리아를 건너 이곳 천수만으로 날아온다. 천수만은 가창오리의 첫 기착지다. 이곳에서 12월 초순까지 나고 그 이후 남쪽으로 이동해 금강 하구나 해남 고천암호 등으로 흩어져 겨울을 난다.

　해가 지고 하늘이 오렌지 빛으로 변하자 간월호의 수면에 뿌연 먼지 회오리가 일어난다. 가창오리떼가 먹이를 찾기 위해 노을을 배경으로 일제히 날아올랐다.

가창오리 수만 마리가 동시에 날아오르자 쏴~악 하고 대숲을 훑는 바람소리가
난다. 가창오리는 4~5km의 대열을 이룬 채 거대한 부메랑과 도넛, 그리고 뫼비
우스의 띠 모양을 연출하며 허공을 화폭 삼아 화려한 군무를 펼친다. 이 화려한
군무는 상상을 넘어선다. 인간이 만든 그 어떤 예술품보다 감동적이다. 수만마리
의 가창오리가 하나의 거대한 생명체가 된 것처럼 보인다. 상어의 공격을 피해 한
덩어리 뭉쳐 움직이는 청어무리처럼.

　　가창오리의 군무는 길지 않다. 보통 5분 정도 군무를 선보인 후 칠흑 같은 어둠
너머로 사라진다. 그곳은 벼를 수확한 간척지 논이다. 가창오리는 그곳에서 떨어진
낟알을 주워 먹으며 허기를 달랠 것이다. 가창오리의 군무가 끝나면 탐조객의 발길
도 급하다. 가창오리의 군무를 보기 위해 오랜 시간 추위와 허기에 떨었던 탓이다.

　　천수만 철새와 함께 서산 여행의 단짝인 곳이 간월암이다. 간월암은 대표적인
바닷가 사찰이다. 섬 사이로 달이 뜬다 해서 간월도(間月島)라 불리는 이 작은 섬

에는 섬만큼 작은 절이 있다. 말이 섬이지 손바닥만 한 밭뙈기 크기의 섬에 암자 하나가 간신히 들어서 있다.

간월암은 하루 두 번씩 밀려오는 밀물 때는 물이 차 섬이 됐다가 썰물 때 물이 빠져 육지와 연결된다. 간월암은 바다에 떠 있을 때가 더 아름다운데, 마치 조용한 호숫가에 피어난 연꽃 같다. 썰물 때는 걸어서 들어갈 수 있다. 언제나 활짝 열려 있는 철문을 통해 암자에 들면 아담한 도량(道場)이 반겨 준다. 간월암은 대웅전과 산신전, 기도각 등 4개의 건물이 전부다.

간월암을 창건한 이는 무학대사다. 조선 왕조의 도읍을 한양으로 정한 장본인이다. 스님은 달빛을 보고 깨달음을 얻고 이곳에 암자를 짓고 무학사라 불렀다고 한다. 그 후 퇴락한 절터에 근대의 선승 만공이 1941년 새로 절을 지어 간월암이라 이름 지었다. 지금도 절 앞마당에는 만공이 심었다는 멋스러운 사철나무가 가람의 석탑을 대신해 절간을 지키고 있다.

가창오리떼가 노을 속에서 펼치는 군무

대웅전 앞에 서면 망망대해가 펼쳐지고, 물살을 가르며 나아가는 어선들의 행렬이 이어지는 등 이색적인 풍광을 접할 수 있다. 특히, 간월암에서는 바다를 향해 촛불을 밝힌 채 소원을 비는 여인들을 볼 수 있어 새삼 삶의 의미를 되새기게 한다. 간월암에서 바다를 가운데 두고 오른쪽으로 길게 뻗은 것은 안면도, 왼쪽으로 보이는 육지는 새조개와 대하로 유명한 남당항이다.

간월암은 또 일출도 아름답지만 밀물이 든 해질녘의 일몰이 압권이다. 특히 뭍에서 바라보는 간월암의 해넘이는 진한 여운을 드리운다. 간월도를 감싼 바다와 하늘이 붉은 물감을 풀어 놓은 것처럼 물든다. 그 노을 속에 들어앉은 섬은 스스로 구도자가 된 모습이다.

일몰의 감동은 달빛으로 이어진다. 석양이 스러진 뒤 푸르스름한 달빛이 섬을 비추면 무학대사가 왜 이 섬을 간월도라 이름 지었는지 깨닫게 된다. 달빛에 젖은 작은 섬을 바라보는 것만으로도 시심이 우러나온다.

여행메모

가는길 서해안고속도로 홍성IC로 나와 96번 군도를 따라 서산방조제 방면으로 향한다. 간월도까지는 13km 거리. 간월도 입구 교차로에서 우회전하면 서산A지구 간척지와 간월호가 광활하게 펼쳐지는 철새탐조여행지로 이어진다. 철새탐조 문의는 철새기행전위원회(www.seosanbird.com · 041-669-7744)로 하면 된다.

맛집 간월암은 무학대사가 태조에게 진상했다는 어리굴젓이 유명하다. 어린 굴을 고춧가루와 천일염을 넣고 발효시켜 매콤하면서도 톡 쏘는 뒷맛이 일품. 굴은 11월 중순부터 4월까지가 제철이다. 또 은행, 호두, 대추 등을 넣어 만든 영양굴밥도 좋다. 간월도 바다횟집(041-664-7821)은 현대그룹 정주영 명예회장이 생전에 자주 들리던 집으로 자연산회가 좋다.

잠잘곳 간월암에서 방조제를 건너가면 안면도다. 안면도에는 리솜오션캐슬(www.resom.co.kr · 041-671-7000)을 비롯해 펜션이 많다. 안면도자연휴양림(www.anmyonhuyang.go.kr · 041-674-5019)은 안면송으로 유명한 솔숲의 산장에서 하룻밤 보낼 수 있다.

볼거리 운산면 개심사는 서산을 대표하는 사찰. 절로 드는 솔숲도 좋고, 자연스런 나무의 선이 살아있는 당우의 들보와 기둥도 운치가 있다. 서산마애삼존불은 '백제의 미소'라 불리는 곳. 성곽의 고즈넉함이 남아 있는 해미읍성은 천주교 성지로 빼놓을 수 없는 볼거리다.

#36

7번 국도

주소 강원도 속초시 동명동 383-1(동명항)

여행적기 사계절

주변 여행지 속초 아바이마을·청간정·송지호·왕곡마을·거진항·화진포·
화진포자연사박물관·김일성 별장·대진항·통일전망대

문의 속초시 문화관광과(033-639-2365), 고성군 문화관광과(031-680-3361)

파도에 젖고
바람에 젖고
낭만에 젖고

이유도 없이 겨울바다가 그리울 때가 있다. 언제나 풍경처럼 가까이 다가와 속삭여주는 감성의 바다, 끊임없이 흰 포말을 토하는 해변과 새벽 고깃배로 떠들썩한 포구가 보고 싶은 거다. 그 바다는 조금 쓸쓸하다. 젊은 웃음이 쏟아지는 여름날의 낭만과는 거리가 있다. 겨울바다는 달콤하면서도 쌉쌀한 기운이 감도는 초콜릿처럼, 여운이 길다. 때로 해변을 부술 듯이 달려드는 파도의 광기는 심장이 횅하게 구멍을 내놓기도 한다. 뺨을 할퀴는 야성의 바람은 조각난 사랑처럼 차갑고 날카롭다. 이상한 일은 그래도 그 바다가 보고 싶은 거다. 파도에 젖고, 바람에 뺨을 맞아도 그 바다와 마주하고 싶은 거다. 속을 시원하게 비우고 싶은 거다.

# #

카메라 니콘 D3

렌즈 니콘 24~70mm

감도(ISO) 250

셔터 스피드 1/125

조리개 F 11

촬영장소 고성 봉포해수욕장

촬영팁 겨울 바다는 거칠고 황량하다. 낭만이 넘치는 여름 바다와는 전혀 다른 느낌을 준다. 따라서 촬영자가 노리는 포인트도 자연 달라져야 한다. 파도에 씻긴 빛바랜 추억, 쓸쓸함을 표현할 수 있다면 성공이다.

. 하루의 처음이 열리는

곳. 세상사 시름까지 다 씻어주는 파도가 밀려오는 곳. 7번 국도를 따라 펼쳐지는

동해안의 아름다움을 새삼 얘기할 필요는 없다. 그 중에 백미를 꼽으라면 속초에

서 고성 통일전망대 구간이다. 설악산에서 금강산으로 이어진 백두대간과 나란

히 북으로 치달리는 해안선을 따라 가면 크고 작은 해변과 포구, 정자와 전통마

을, 그리고 호수가 쉬지 않고 이어진다. 그때가 여름이거나 혹은, 파도가 춤을 추

는 겨울이거나, 계절불문하고 동해의 맑고 파란 얼굴을 보여준다.

속초는 동해안에서도 볼거리와 먹을거리가 풍부한 곳 가운데 하나다. 활어가

팔딱팔딱 뛰는 포구의 난전과 푸른 바다, 호수, 해변이 아기자기하게 펼쳐져 있

다. 그 뒤에 울산바위를 필두로 우뚝한 눈 쌓인 설악산의 모습도 장관이다.

7번 국도 드라이브의 출발지는 동명항이다. 동명항의 최대 매력은 역시 싱싱한

자연산 회를 싸게 맛볼 수 있다는 점. 방파제 나가는 길목에 위치한 동명항 활어

판매장에서는 어민들이 잡아온 활어를 판다. 동명항 인근에 영금정이 있다. 파도

소리가 마치 거문고 소리처럼 들린다 해서 이름 붙여진 정자다. 이곳은 일출명소

로 바다 위에 뜬 해와 마주하는 느낌을 준다.

7번 국도를 따라 가는 길이 바빠도 속초 시내에 알알이 박힌 호수를 돌아볼 짬

은 내야 한다. 청초호와 영랑호는 어느 시인이 '두 개의 맑은 눈동자'라 칭했을 만

큼 고운 석호로 잘 알려져 있다. 특히, 호반 전체가 공원으로 가꿔진 영랑호는 범

바위 부근에서 시작되는 아름다운 산책로로 유명하다.

속초를 나와 고성 방향으로 차를 몬다. 7번 국도와 해안도로를 번갈아 타고 가

는 이 길은 지도가 없어도 좋다. 겨울바다와 해안선이 길손을 안내한다. 해안도

로는 오르내림이 없이 거의 평지를 달린다. 그래서 바다의 표정을 보려면 언덕에

고즈넉하게 자리를 잡은 정자에 올라야 한다.

고성팔경의 하나로 꼽히는 청간정은 설악산 골짜기에서 흘러내리는 청간천과

만경창파가 넘실거리는 기암절벽 위에 자리한다. 1530년 이전에 세워진 것으로

추정되는 이 정자는 이승만 전 대통령의 현판이 누각 안쪽에 달려 있고, 최규하

전 대통령의 휘호도 걸려 있다. 청간정에서 내려다보면 밀려오는 파도가 뭉게구름이 일다가 안개처럼 사라져 가는 것처럼 황홀경으로 다가온다. 관동팔경 중 제일경으로 손꼽힌다. 청간정에서 아야진항으로 조금만 올라가면 나오는 천학정도 빼놓을 수 없는 명소. 비록 관동팔경에는 들지 못했지만 장엄한 동해의 일출을 볼 수 있는 곳으로 이 고장사람들의 편안한 쉼터를 자처한다.

청간정을 나와 거진항으로 가면 도로 왼편에 송지호가 반긴다. 송지호는 호수보다 해수욕장을 일컫는 이름으로 더 널리 알려졌다. 동해안의 다른 석호에 비해 덜 알려져 있지만, 호수의 경치는 결코 뒤지지 않는다. 송지호에 들어서면 가장 먼저 철새탐조대가 눈에 띈다. 조형적인 건축미를 뽐내는 철새탐조대는 철새들의 생태를 소개하는 전시물로 가득 차 있다.

고성으로 가는 길에는 크고 작은 포구와 항구들이 이어진다. 이 가운데 으뜸은 거진항이다. 거진항은 산과 바다, 그리고 마을 풍경이 잘 어울린 한 장의 사진처럼 완벽한 구도를 이루고 있다. 거진항의 아름다운 풍광은 항구 반대쪽 방파제에서 만날 수 있다.

바다쪽으로 불쑥 나온 방파제 끝에 서면 거진항이 한눈에 들어온다. 이쪽에서 바라본 거진 항은 파노라마 사진을 찍어 놓은 것과 같은 구도다. 항구 너머로 시

선이 닿는 왼쪽 끝부터 오른쪽 끝까지 백두대간 준령이 주르륵 펼쳐진다. 산들은
마치 고성 일대의 해안 마을을 호위하는 듯하다.

거진항의 아름다움과 만날 수 있는 최고의 시간은 해질 무렵이다. 백두대간 너
머로 해가 설핏 넘어가면 푸른 밤바다 위로 항구와 언덕 비탈면에 들어선 집들에
하나둘씩 불이 켜진다. 잔잔한 항구의 바다 위에 어른거리는 불빛은 따스하다.

거진항에서 해안도로를 따라 화진포로 가는 길은 낭만적인 드라이브 코스다.
바위산을 깎아 만든 이 길은 바람이 거친 날이면 파도의 끝자락이 도로 위로 넘쳐
오른다. 도로 중간에 있는 '해맞이 쉼터'나 '해맞이 전망대'에서 동해바다의 풍광
을 즐길 수 있다.

화진포를 빼놓고 동해안의 석호를 이야기할 수 없다. 화진포는 바다와 호수가

만나는 동해의 몇 안 되는 석호로 때 묻지 않은 그림 같은 풍경을 자랑한다. 호숫가 갈대와 겨울 철새, 수령 100년을 헤아리는 소나무 군락, 집채만 한 파도가 밀려오는 해변이 한데 어울렸다.

화진포는 지금보다도 근대에 더 유명했다. 당시 이곳에는 외국인의 별장촌이 지어졌고, 해방 후에는 김일성과 이승만, 이기붕의 별장이 생겨났다. 이 별장들은 별장 주인이었던 인물들의 유품과 자료전시로 근대 정치사의 이면을 한 눈에 볼 수 있게 꾸며졌다. 솔숲의 남쪽 끝 해안절벽에 자리한 김일성의 별장에서 바라보는 해변과 바다가 장관이다. 짙은 코발트색 바다에서 시작된 파도가 몰려오는 백사장이 눈부시게 빛난다. 파도가 해변을 훑고 지날 때면 사르르 맑은 소리가 별장까지 이어진다.

겨레여 형제여

우리들 이 가슴 속엔…

사랑은 미움보다 피는 물보다

오늘이 어제보다 내일이 오늘보다

영원히 그 순간보다 소중한 게 아니냐…

역사는 하늘은 승리는 다 우리의 편

- 박두진 시인의 〈아, 민족〉 중에서 -

화진포를 나오면 이제 남녘땅 북쪽 끝자락인 통일전망대를 향할 차례다. 우리나라에서 가장 북쪽에 위치한 이곳은 천혜의 절경이라 할 금강산과 동해바다의 비경을 감상할 수 있다. 지금은 관광객의 발길이 끊겨 썰렁하지만 금강산 관광이 활발하게 벌어질 때는 한 해에 100만 명이 넘는 관광객이 이곳을 찾았다.

전망대에 서면 은빛으로 일렁이는 물결들의 춤사위 너머로 금강산의 마지막 봉우리인 구선봉과 해금강이 펼쳐진다. 특히, 이 풍경은 바람찬 겨울, 대기가 수정처럼 맑을 때 장관을 이룬다. 그 모습을 보고 있노라면 박두진 시인이 읊은 싯구가 가슴을 친다.

가는길 속초까지는 서울춘천고속도로를 이용한다. 동홍천IC로 나와 44번 국도를 타고 인제를 지나 미시령터널을 지나면 속초다. 돌아갈 때는 고성에서 46번 국도를 따라 진부령을 넘는다.

맛집 바닷가까지 와서 중국집 타령하느냐고 하겠지만 아야진해수욕장의 수성반점(033-631-1492) 짬뽕은 기가 막히게 맛있다. 거진항의 소영횟집(033-682-1929)은 생대구탕과 도치알탕으로 유명하다. 가진항은 물회가 유명하다. 자연산 회는 자매해녀횟집(033-681-1213)이나 신토불이횟집(033-681-4755) 등이 꼽힌다.

잠잘곳 고성은 숙소 사정이 여의치 않은 편이다. 아예 속초 쪽에서 묵고 길을 나서는 것이 좋다. 속초에는 콘도와 호텔이 많다. 온천수를 이용한 워터파크가 있는 한화리조트 설악(www.hanhwaresort.co.kr)이 추천할 만하다.

볼거리 척산온천에서 온천욕으로 피로를 풀 수 있다. 고성 초입에 전국 최초로 전통마을로 지정된 왕곡마을이 있다. 북방식 한옥 20여 채가 보존되어 있다. 또 우리나라 최북단에 자리한 건봉사는 한때 설악산 신흥사와 백담사를 말사로 거느렸던 한국 4대 사찰 중 하나였다.

#37

덕유산

주소 전북 무주군 설천면 심곡리 43–15(부영덕유산리조트)

여행적기 5월 중순~2월 말

주변 여행지 구천동계곡 · 부영덕유산리조트 · 적상산 양수발전댐 · 나제통문 · 반디랜드 · 머루와인동굴

문의 부영덕유산리조트(063–322–9000), 무주군 문화관광과(063–320–2547)

그 깊은 겨울의 초상

이 꽃 참 예쁘다. 투명함은 수정을 닮았고 무취(無臭)의 향기는 콧구멍이 아닌 심장을 먼저 파고든다. 피고 지는 모양새도 그렇다. 해 뜨기 전 텅 빈 공중에서 고요히 피었다가 가장 밝은 한낮, 소리 없이 그 공중으로 사라진다. 요란하지 않은 계절의 흐름처럼 무욕(無慾)의 마음으로 시나브로 왔다, 또 간다. 상고대, 바로 서리꽃이다. 나무나 풀에 내려 눈처럼 된 서리 말이다. 바람 차가워질 때 덕유산 그 넉넉한 품에 서리꽃 활짝 핀다. 삶이 퍽퍽하다 싶을 때 차가운 이 꽃은 오히려 가장 따뜻한 인상(印象)으로 다가온다. 그러더니 '그래도 살아야지' 싶게 만든다.

# #

카메라 니콘 D3
렌즈 니콘 70~200mm
감도(ISO) 200
셔터 스피드 1/500
조리개 F5.6
촬영장소 덕유산 향적봉 정상
촬영팁 눈은 빛을 반사해 실제보다 밝게 측광된다. 따라서 노출을 적정노출에서 1/3~1/2 가량 더해서 정한다. 산사진은 원근감과 능선을 겹치게 연출하는 게 포인트. 적어도 5겹 이상 산자락이 겹치게 구도를 잡는 게 좋다.

겨 울 이 깊 어 가 고 있 다. 칼바람과 투명
한 눈이 생각나 덕유산으로 간다. 향적봉에는 상고대가 막바지 자태를 뽐내고 있
다. 구절양장처럼 흘러가는 구천동 계곡과 소담한 백련사는 호젓해서 좋다. 지금
보지 않으면 다시 1년을 기다려야 볼 수 있는 풍경이다.

한국전쟁 당시 인천상륙작전으로 퇴각로가 차단된 북한군 중 다수가 덕유산으
로 숨어들었다. 그 만큼 골이 깊고 산세가 크기 때문이다. 그러나 이 산은 이름에
서 풍기듯이 큰 산세에 비해 덕이 많고 넉넉한 모양을 하고 있다. 설악산이나 지
리산처럼 비장한 각오가 있어야 오를 수 있는 산이 아니라 마음 먹으면 언제든지
품에 안길 수 있는 어머니 같은 산이다.

겨울 덕유산의 매력은 상고대에 있다. 대기 중의 수증기가 나뭇가지에 걸려 그
대로 얼어버린 일명 '서리꽃'이다. 그 투명함과 깨끗함은 인공의 어떤 것으로도
흉내 낼 수 없다. 눈이라도 소복하게 쌓이고, 여기에 '살아서 천년 죽어서 천년
간다'는 주목까지 더해진 풍경은 그 자체로 수묵화다. 특히 설천봉(1525m), 향적
봉(1614m), 중봉(1594m)을 잇는 능선은 덕유산의 설경을 제대로 감상할 수 있는
제1의 포인트다.

산행의 출발은 삼공리 주차장이다. 덕유산 향적봉은 구천동계곡을 거슬러 오른
후 백련사를 지나 중봉이나 향적봉으로 오르는 것이 가장 일반적인 코스다. 정상인
향적봉까지는 4~5시간 걸린다. 눈이 쌓여 있다면 서둘러 출발하는 것이 좋다.

구천동계곡을 따라 백련사에 이르는 길은 거의 평지와 다름없다. 겨울에는 작
은 소와 폭포의 물은 얼어붙고, 그 위로 눈이 곱게 쌓인다. 백련사까지는 약간 지
루한 느낌이 들지만 호젓해서 좋다. 새소리, 바람소리가 상쾌하다.

백련사는 구천동에 있던 14개 사찰 중 현재 남아 있는 유일한 절집이다. 원래는
지금의 일주문이 있는 근처에 있었지만 한국전쟁 때 모두 소실되고 1962년에 현재
의 위치에 다시 지어졌다. 신라 신문왕 때 백련선사가 은거했는데 그 자리에 하얀
연꽃이 피어 절을 짓게 됐다고 전해진다. 일주문을 지나면 단아한 백련교가 나오고
이를 건너면 매월당 설흔 스님의 부도탑과 가람들이 차례로 모습을 드러낸다.

설천봉에서 바라본 덕유산 능선의 설경

경내는 고즈넉하다. 대웅전을 중심으로 명부전, 선수각, 원통전, 범종루 등의 가람들이 다소곳하게 들어서 있다. 눈 내린 겨울 산사는 언제나 마음을 차분하게 가라앉혀준다. 대웅전 옆 바위틈으로 흐르는 약수로 목을 축이면 갈증과 피로가 단번에 씻긴다. 뒤쪽 삼성각 옆으로 난 등산로로 접어들면 본격적인 산행이 시작된다. 경사가 급해진다. 눈과 얼음이 남아 있다면 아이젠은 필수다. 당단풍나무의 갈색 나뭇잎들이 여전히 나뭇가지에 붙어 있는 모습이 이색적이다. 눈이 녹아 물기를 잔뜩 머금은 나뭇잎들은 마치 가을 단풍처럼 선명한 빛깔로 등산객의 지루함을 달래준다. 하지만 오름길이 만만치 않다. 백련사에서 향적봉까지는 1시간 30분쯤 땀을 흠뻑 흘려야 한다.

향적봉에서 본 고산준봉의 자태가 장관이다. 남덕유산·삿갓봉·무룡산·중봉 등 산허리마다 가지만 남은 나무와 눈이 어우러지며 기묘한 패턴을 만든다. 이것이 상고대와 함께 덕유산 설경의 또 다른 매력이다. 상고대는 향적봉을 중심으로 피어난다. 향적봉은 부영덕유산리조트에서 곤돌라를 타고 와 설천봉에서 걷기 시

신라 백련거사가 은거했다고 전해지는 백련사

작하면 20분이면 올 수 있다. 이 때문에 덕유산의 설경과 상고대를 보려는 관광객과 아마추어 사진가들의 발길이 끊이질 않고 이어진다. 물론, 수령 300~500년 된 주목에 피어난 상고대의 장관을 본 이들의 즐거운 비명은 기본이다. 향적봉에서 하산은 곤돌라를 이용한다. 4시간 이상을 꼬박 걸어 올라온 곳이지만 곤돌라를 타면 15분이면 내려간다.

가는길 대전통영고속도로를 이용한다. 무주IC로 나와 19번 국도 진안 방면으로 8km 가면 삼거리다. 좌회전해서 49번 군도를 따라 가면 부영덕유산리조트 입구가 나온다. 부영덕유산리조트에서 계속 직진하면 삼공리집단시설지구로 들어가는 삼거리가 나온다. 대중교통은 무주읍을 경유한다. 무주읍에서 부영덕유산리조트로 가는 버스가 수시로 운행된다. 부영덕유산리조트에서 스키 시즌에 운영하는 버스를 이용하는 것도 좋은 방법이다. 정기버스는 서울·부산·대구·광주·전주·대전·청주·포항·마산·울산 등 중부와 남부권 40여 개 도시에서 운영된다. 삼공리집단시설지구~부영덕유산리조트는 셔틀버스와 시내버스를 이용한다.

맛집 삼공리집단시설지구에 있는 원조할매보쌈식당(063-322-2188)의 산채가 곁들여진 보쌈정식이 소문났다. 곤돌라의 종점인 설천봉에 있는 설천봉레스토랑(063-320-7717)은 따뜻한 난롯가에서 추위를 녹일 수 있는 곳. 국밥으로 속을 달래는 것도 좋고, 동동주에 파전과 메밀묵 무침을 곁들이는 것도 좋다.

잠잘곳 부영덕유산리조트(www.deogyusanresort.com·063-322-9000)는 호텔을 비롯해 콘도와 유스호스텔 등 다양한 형태의 숙박시설을 보유하고 있다. 부영덕유산리조트 입구에도 모텔과 민박 등의 숙박시설이 많다. 향적봉의 해돋이와 해넘이를 동시에 즐기려면 향적봉 대피소(063-322-1614)에서 하룻밤 묵는 것도 괜찮다. 향적봉 대피소 정원은 38명, 1박 7000원(성수기 8000원), 침낭 대여료 2000원, 담요대여료 1000원.

볼거리 부영덕유산리조트는 남부지방에서는 손꼽는 스키 리조트. 곤돌라를 타고 올라가면서 스키장의 낭만을 느낄 수 있다. 리조트 내에 노천 스파도 있어 피로를 풀 수 있다. 구천동 계곡의 끝에는 신라와 백제가 오가는 길목이었다는 나제통문과 반딧불이의 생태와 천문대가 있는 반디랜드, 조선왕조실록을 보관했던 사고지 안국사와 산정 호수가 있는 적상산 등이 20분 거리다.

38

함평

주소 전남 함평군 함평읍 석성리 203(돌머리해안)
여행적기 사계절
주변 여행지 해수찜 · 함평한우시장 · 함평나비축제 · 모평마을 · 고막천 돌다리
문의 함평군 문화관광과(061-320-3364)

하늘도, 바다도 붉게 물드는 뭍의 끝에 서서

한 해가 저물어 갈 즈음이라면 서해안의 낙조는 유난히 더 장엄하다. 해는 365일 매양 핏빛 노을을 만들며 서쪽 바다로 지는 것이지만, 한 해를 마무리할 무렵의 낙조가 유독 아름다운 것은 저물어가는 것의 아쉬움이 더 깊기 때문이겠다. 함평(咸平). 두루(咸) 화평한(平) 땅. 한 해를 보내는 낙조를 만나겠다면 함평의 돌머리해안이 맞춤하겠다. 함평의 해안에 서서 서쪽으로 열린 하늘이 붉은 기운으로 물드는 장면은 그야말로 황홀하다.

# #

카메라 니콘 D3
렌즈 70~200mm
감도(ISO) 400
셔터 스피드 1/160
조리개 F5
촬영장소 함평 돌머리해안
촬영팁 낙조풍경은 맑은 날보다 구름 낀 날이 좋을 때가 많다. 하늘에 낮은 구름이 가득차고 서쪽 끝의 하늘이 열려 있는 날이라면 십중팔구 독특한 색감의 낙조풍경을 만날 수 있다. 꼭 화면 안에 해가 없어도 해가 지면서 시시각각으로 달라지는 색감만으로도 훌륭하게 낙조의 느낌을 담아낼 수 있다.

함 평 의 바 다 는 사 실 이웃 영광이나 무안에
비해 보잘 것 없다. 해안도로의 낭만은 북쪽 영광에 비할 바가 아니고, 너른 개펄
도 무안에다 대면 명함을 내밀기 어렵다. 그렇지만 함평읍 석성리 석두마을 돌머
리해안의 황홀한 낙조풍경만큼은 다른 데 비할 바가 아니다.

함평읍내에서 돌머리로 가는 길은 쇠락하고 저물어가는 것들을 보여준다. 한
때 일대의 고깃배들이 몰려들어 억센 팔뚝의 어부들을 상대하던 술집들이 어찌나
많았던지 술 주(酒)자에 항아리 항(缸)자를 쓴다는 주항포에서부터 함평의 바다는
시작된다. 몇몇 낡은 횟집들만이 덩그러니 남아서 옛 영화를 그리워하고 있는 주
항포를 지나면 곧 돌머리다. 한때 이곳도 석두포가 있던 포구였지만, 모래가 밀
려들어와 포구의 구실을 못한 지 이미 수십년이 됐다.

하필 이름이 '돌머리'일까. 그건 바로 이쪽 바다에 기암괴석들이 늘어서 있었기
때문이다. 그러나 20여 년 전 해안에 굴 양식장을 조성하면서 기암괴석을 다 폭
파해버려 운치를 잃고 말았다. 기암괴석은 사라지고 말았지만, 돌머리해안은 해
수욕장으로 조성됐다. 썰물이면 바다가 멀리 밀려가고 너른 개펄이 드러나는 곳
이라 밀물 때 들어온 물을 가둬 마치 해수풀장처럼 조성해 해수욕장으로 이용한
다. 해는 그 너머로 진다. 돌머리해안을 붉게 물들이면서 떨어지는 낙조는 초가
지붕을 이고 있는 몇 개의 정자가 가둬진 맑은 물빛과 붉은 기운이 함께 어우러지
면서 가장 아름다운 경관을 빚어낸다.

해가 질 무렵이면 돌머리해안에는 외지인들은 물론이고 인근의 주민들까지 돌
머리해안을 장엄하게 물드는 낙조를 보러 온다. 겨울철이라 해가 남쪽으로 빗겨
새빨갛게 달구어진 채 떨어지는 해를 정면에서 마주하지 못하지만, 하늘이 붉은
빛으로 차츰 물들어가는 장면만으로도 충분히 황홀하다.

돌머리해안에서 낙조를 마주할 요량이라면 거처는 모평마을에 정하는 것이 마
땅하겠다. 모평마을은 늙은 고택과 돌담과 정자들이 늘어선 옛 마을이다. 한때
함평 모씨의 세거지였다던 모평마을은 조선 세조 때 윤길이 무오사화에 연루돼
제주도로 귀양갔다 돌아오다 이곳에 마음을 뺏겨 정착하면서 파평 윤씨의 집성촌

이 됐다. 일찌감치 바깥세상의 속도에서 벗어난 모평마을에는 아직도 집성촌의 전통이 이어져 마을주민의 95%가 파평 윤씨들이다.

모평마을에 들어서면 해보천을 따라 늘어선 느티나무, 팽나무, 왕버들나무 30여 그루로 이뤄진 마을 숲이 먼저 마중을 나온다. 족히 300년이 넘었음직한 거목들이 잎을 다 떨구고 활개를 치듯 서 있다. 모평마을을 찾은 때가 마침 밤이라면 더 좋겠다. 838번 지방도로에서 모평마을까지 저수지를 끼고 이어진 4km 남짓의 길에는 마을은 물론이고 작은 전등불 하나 없다. 어둠만이 고여 출렁거릴 뿐이다. 도회지에서는 물론이고 웬만한 시골에서도 이런 깊은 어둠을 만나기란 쉽지 않다. 그 길에서 차를 멈추고 내려서서 별만 초롱초롱 떠있는 진짜 한밤중을 꼭 만나보시길.

돌담 정취가 뛰어나고 풍류가 넘치는 모평마을 한옥

모평마을에는 시간의 흔적과 이야기들이 묻어 있는 풍경들로 가득하다. 먼저 울창한 대숲과 높은 돌담을 둘러치고 있는 안샘. 1000년의 시간에도 마르지 않고 여전히 맑고 찬 물이 찰랑거린다. 그 오랜 세월 동안 마을 주민들은 이 물을 길어다가 밥을 지었을 것이고, 촌로들은 장독대 위에 정한수를 떠놓고 손을 모아 고향을 떠난 자식의 평안을 기원했을 터다.

마을 어귀 언덕의 중턱쯤에 올라서 들녘과 나무와 하늘을 품고 있는 영양재의 풍모도 빼어나다. 기둥마다 내걸린 편액에는 '예가 아닌 것은 보지도, 듣지도, 말하지도, 행하지도 말라'는 금언이 돋을새김 돼 있다. 보는 이의 시선을 따라 왼쪽

에서도 오른쪽에서도 글씨가 읽히도록 걸어놓은 편액이 독특하다. 영양재 아래는 몇 개의 비석이 서 있는데, 그중 유독 눈길을 끄는 것이 충노(忠奴) 도생과 충비(忠婢) 사월비석이다. 도생과 사월이란 이름의 두 노비는 정유재란 때 왜병에 살해당한 윤해와 부인 신천 강씨의 아들을 충심으로 길러내 과거에 급제시켰다고 전한다.

모평마을에는 고택만 일곱 채. 여기다가 마을 곳곳에 한옥들이 새로 들어서고 있다. 고향을 떠난 이들이 하나 둘 되돌아오면서 한때 쇠락했던 마을은 성성하게 살아나고 있다. 안샘을 끼고 있는 '모평헌'도 윤여운·이수옥씨 내외가 도회지 생활을 마무리하고 고향으로 돌아와 낡은 한옥을 새로 손보고 별채에 한옥 민박을 들였다. 대나무 숲과 차밭을 끼고 있는 한옥에서는 그윽한 정취가 물씬 느껴진다.

모평마을 뒤편의 언덕에는 빼어난 산책로도 있다. 영양재 옆으로 난 산길을 숨이 차지 않을 만큼만 오르면 소나무, 편백나무, 삼나무, 대나무, 차나무들이 교대로 우거진 평탄한 황토흙 숲길이 이어진다. 숲을 이룬 수목들은 늘 푸른 나무들인 데다 훤칠하게 자라는 것들이어서 겨울철에도 초록의 기운으로 가득하다. 마을 뒤편에 난 길이라 믿어지지 않을 만큼 숲은 깊다.

메주가 익어가고, 무청시래기가 잘 말라가고 있는 옛 마을 한옥집의 뜨끈한 아랫목에서 보내는 하룻밤은 더할 나위 없다. 소담하고 정갈한 옛 한옥에서 하룻밤을 보내는 맛은 안동일대의 솟을대문의 으리으리한 종갓집이나 대갓집의 한옥 민박에서와는 또 다르다. 이른 아침 마을 어귀의 돌담길을 하릴없이 느긋하게 산책하다가 대숲 아래 안샘에서 졸졸 물소리를 내며 흐르는 맑디맑은 샘물을 떠서 한모금 마시는 운치를 어디에다 비할까.

함평을 찾는다면 되도록 2, 7일에 서는 함평 장날을 맞추는 것이 좋겠다. 함평장은 수년 전 새로 단장됐으나 드물게도 옛 장터의 정취를 흩뜨리지 않았다. 남도 대부분의 장이 멋대가리 없는 시멘트 건물로 들어가 버린 지 이미 오래지만, 함평장은 여전히 기와지붕을 얹은 난전의 형태를 그대로 유지하고 있다. 농기구를 파는 대장간에는 활활 타오르는 화구와 풀무가 있고, 팥죽이며 국밥을 파는 음식점은 자그마한 한옥에 들어서 있다. 시장의 규모도 여간 큰 것이 아니어서 갖가지 채소들과 홍어와 조기 같은 생선은 물론이거니와 곰삭은 젓갈까지 없는 것이 없다.

그중 최고의 볼거리라면 함평 장날에 함께 서는 함평 우시장이다. 우시장에서 보아야 할 것은 우시장을 휘감는 드센 기운이다. 우시장에서는 툭툭 불거지는 근육과 힘줄처럼 힘찬 기운이 느껴진다. 장터의 함평천 건너 천변의 우시장은 겨울철에는 오전 6시에 문을 연다. 소를 몰고 나온 농민들과 중개인들은 오전 5시도 되기 전에 삼삼오오 우시장에 모여 장작불을 쬐고 있다. 장날 이곳 우시장에서 거래되는 소들은 대략 120마리. 송아지들이 먼저 쪽문을 통해 우시장으로 들어온

함평장 뒷골목 풍경

뒤, 오전 6시에 대문을 열어젖히자 일제히 소들이 우두두두 쏟아져 들어온다. 차가운 날씨에 소들이 흰 입김을 연방 뿜어낸다. 낮고 긴 소울음소리가 우시장을 가득 채웠다. 북적북적 곳곳에서 소의 이빨을 열어보기도 하고, 트집과 실랑이가 벌어진다.

이즈음이야 오전 나절에 반짝 거래가 이뤄지지만, 우시장이 번성했던 시절에는 하루종일 소울음소리가 끊이질 않았다고 했다. 간혹 흥정이 결렬되면 육두문자가 오가는 것은 물론이거니와 주먹다짐까지 벌어졌다고 했다. 지금이야 그런 일은 없지만, 시장은 흥정에 나선 이들의 고함에 한껏 달아오른다. 아침 햇살이 퍼질 무렵이면 하나둘 거래가 끝나고 소를 차로 실어 보낸 우시장 사람들은 국밥집으로 향한다. 그들과 어깨를 맞대고 김이 펄펄 나는 국밥을 앞에 놓는다면, 한 해 끝머리의 아쉬움보다는 희망의 새해를 살아갈 기운으로 가득 채워지겠다.

가는길 서해안고속도로 영광IC로 나온다. 영광에서 23번 국도를 따라 좌회전해서 해보 방면으로 향한다. 영광읍내 한전교차로에서 좌회전해 808번 지방도로를 타고 가다 종산교차로에서 좌회전해 22번 국도로 올라선다. 이 길을 따라가면 해보교차로에 가 닿는데, 이곳에서 함평·해보 방면으로 우측으로 빠져나가면 곧 산내마을이다. 산내마을을 지나 모평마을까지는 4km 남짓. 돌머리해안은 모평마을에서 23번 국도로 서해안고속도로 함평IC 방면으로 향하다 금산교차로에서 손불 방면으로 우회전한 뒤 목교삼거리에서 좌회전, 신흥삼거리까지 가면 이정표를 만날 수 있다.

맛집 함평에는 한우와 낙지 등 먹을거리들이 많다. 돌머리해수욕장 쪽으로 향한다면 주항포의 주포횟집(061-322-9331)을 들러볼 만하다. 모평마을의 대흥식당(061-322-3953)에서는 질 좋은 함평한우를 1인분에 2만원으로 저렴하게 맛볼 수 있다. 갓 잡은 싱싱한 한우를 사용한 육회도 별미다. 이밖에 함평읍내 주변에 육회비빔밥, 홍어비빔밥 등을 하는 식당들이 즐비하다.

잠잘곳 함평읍내에는 모평마을이 단연 최고의 숙소다. 모평헌(010-5034-6078)을 비롯해 황토영화민박(061-323-0300), 한림민박(016-9252-0219) 등 한옥민박들이 있다. 모평마을 사무장(010-4704-0977)에게 연락하면 민박을 연결해 준다.

#39

태백산

주소 강원도 태백시 혈동 260-17(유일사매표소)

여행적기 5월 중순~2월 말

주변 여행지 석탄박물관 · 구문소 · 태백산눈축제 · 황지 · 검룡소 · 용현동굴 · 매봉산 풍력발전단지

문의 태백산도립공원(033-550-2745), 태백시 문화관광과(033-550-2085)

새날의 뜨거운 태양
상고대를 붉게, 붉게 물들이고

살아 천년, 죽어 천년을 산다는 주목.

이 주목이 군락을 이룬 태백산 천제단.

백두대간 마금루를 따라 붉은 기운이 용트림을 한다.

새날을 여는 힘찬 해돋이가 시작된다.

나뭇가지마다 피어난 순백의 눈꽃에도

태양의 뜨거운 피가 스며 붉게, 붉게 물들었다.

어둠을 짚어 산을 오른 사람들의 가슴에도

새날의 태양이 안겨준 희망이 벅차오른다.

\# **카메라** 니콘 D3 **렌즈** 니콘 24~70mm **감도(ISO)** 320 **셔터스피드** 1/60 **조리개** F8 **촬영장소** 태백산 **촬영팁** 설경사진은 날씨나 광선이 좌우한다. 특히, 아침저녁 사광선이 쌓인 눈에 내릴 때 명암이 선명하고, 입체감과 공기감이 두드러지게 살아나 좋은 촬영조건이 된다. 삼각대는 필수다.

추 운 겨 울 밤 . 옷깃을 여미게 만드는 매서운 겨울 바람이 얼굴을 할퀴고 지나간다. 별빛을 따라 어둠속에서 사람들이 하나 둘 모이기 시작한다. 시계는 새벽 3시30분을 가리키고 있다. 바로 눈앞도 분간하기 어렵건만 몇몇 사람들의 머리 위에서 빛나는 랜턴 불빛에 주변이 환하다. 저마다 두툼한 옷에 모자, 배낭을 짊어지고 중무장을 한 채 비장한 모습이다.

강원도 산간지방의 눈 소식 예보에 태백산 눈꽃을 찾아 나선 길이다. 하지만 새벽하늘엔 구름 한 점 없이 맑고, 별들이 초롱초롱 빛난다. 출발지인 유일사매표소에 모인 등산객들은 '이런 날씨라면 눈꽃구경은 접어야 한다'며 웅성거린다. 일단 간단한 준비운동을 마치고 출발했다. 칠흑 같은 어둠 속에서 랜턴 불빛을 따라 등산객들이 꾸물꾸물 산을 오른다. 사위가 워낙 깜깜한 탓도 있지만, 얼마 후 산꼭대기에서 마주칠 겨울풍경에 대한 기대감으로 주변은 아예 볼 생각을 접었다.

태백산은 경상북도 봉화군과 강원도 영월군, 태백시 경계에 자리한 해발 1567m 높이의 산이다. 예부터 한라산, 지리산 등과 함께 남한의 대표적인 명산으로 꼽혀

태백산 천제단에서 바라본 일출

왔다. 특히, 하늘에 제사를 지내던 천제단을 머리에 이고 있어 민족의 영산으로 불리기도 한다. 지리적으로는 백두산에서 지리산으로 이어지는 백두대간의 분기점에 해당하고, 최고봉인 장군봉과 문수봉을 중심으로 전체적인 산세가 크고 웅장한 느낌을 준다.

50여 분쯤 올랐을까. 유일사 쉼터를 앞두고 갑자기 매서운 칼바람이 휘몰아쳐 옷 속을 사정없이 파고든다. 그 많던 별들은 사라지고 짙은 구름이 한바탕 몰아치자 일순 세상이 얼어붙은 듯 싸늘해진다. 하늘엔 구멍이 뚫린 듯 펑펑 함박눈이 쏟아진다. 등산객들의 발걸음이 바빠진다. 정상을 1.7km 정도 앞두고 길이 험해진다. 등산로는 좁아지고 돌과 나무가 눈에 띄게 많아진다.

정상이 가까워지면서 저 멀리 산 능선을 따라 주변이 어렴풋이 밝아온다. 예사롭지 않은 나무의 형상들이 눈에 띄기 시작한다. 그 유명한 태백산의 주목(朱木)들이다. '살아서 천년, 죽어서 천년을 간다'는 주목은 이름 그대로 줄기와 가지가 붉은색을 띠며, 강인한 생명력으로 유명하다. 겨울철엔 말라 비틀어져 죽은 듯

태백산 천제단의 설경

보이면서도 봄이 오고 때가 되면 다시 물기를 머금고 파란 싹을 낸다.

주목 군락지를 벗어나 장군봉으로 향하자 눈이 그치면서 하늘이 열리기 시작한다. 천제단까지 가는 등산로 양쪽으로 눈꽃의 향연이 펼쳐진다. 능선이건 나무건 사방이 온통 설화로 뒤덮여 있다. 양팔에 주렁주렁 눈송이를 안은 나무들이 힘에 겨운 듯 가지를 아래로 늘어뜨린 모습이다. 눈꽃을 찾아 나선 이들에게 보상이라도 하듯 자연이 준비한 눈부신 향연에 넋이 나갈 정도다. 이 맛에 등산객들이 겨울산행을 즐기는 게 아닌가라는 생각이 든다.

천제단에 섰다. 백두대간의 능선을 넘어 붉은 기운이 솟아오른다. 와~ 등산객들의 탄성이 쏟아진다. 대자연이 내뿜는 불덩이가 꿈틀대며 온 몸을 휘감는다. 겹겹이 쌓인 발아래 산들과 정상에 선 이들이 숨을 죽인다. 마치 하늘과 땅이 소통하는 통로에 서 있는 듯한 착각에 빠지게 한다.

날이 밝자 천제단을 중심으로 백두대간의 고봉들이 어깨와 어깨를 맞대는 대파노라마가 가히 장관이다. 함백산 정상이 바로 눈앞에 있고, 매봉산 지나 두타산, 청옥산 고적대 능선이 힘차게 뻗어 나갔다. 금대봉에서 낙동강 발원지를 따라 산줄기를 잇댄 낙동정맥의 능선도 이 지점에서 한눈에 들어온다.

내려서는 길, 천제단 아래 단종비각을 지나면 망경사(望鏡寺)다. 절 규모도 작고 볼거리도 많지 않지만 야간산행에 지친 이들에겐 휴식처 역할을 톡톡히 한다. 여기저기 모여 앉은 등산객들은 벌써 어디선가 따뜻한 물을 구해 와 추위에 지친 몸을 달래고 있다.

절에는 용정(龍井)이라는 우물이 있다. 우리나라에서 가장 높은 곳에서 솟아 나오는 샘으로 알려져 있다. 여간해서 마르는 일이 없고, 천제의 제사 때는 제사용 물로 쓰인다고 한다. 샘물은 얼음장같이 차갑지만 산행으로 데워진 갈증을 시원하게 씻어내는 데는 이만한 게 없다.

온갖 시름을 벗어 던지고 충만한 기를 받은 사람들이 가벼운 발걸음으로 당골광장으로 향한다. 하산길에는 숲이나 나무에 대한 해설 표지판이 잘 정비돼 이리저리 산을 살피는 재미도 쏠쏠하다. 등산로를 따라 2시간여를 내려가면 산행의 종착지인 당골광장이다. 이곳에서는 매년 1월경 눈꽃축제가 화려하게 펼쳐진다.

여행메모

가는길 자가용은 영동고속도로와 중앙고속도로를 타고 제천IC를 나와 38번 국도를 따라 정선, 고한으로 간다. 버스는 동서울터미널에서 태백행이 수시로 운행된다. 청량리역에서 태백산 눈꽃열차를 이용해도 좋다.

맛집 한우고기와 닭갈비가 별미. 해발 650m 이상의 고지대에서 자란 한우를 재래식으로 도축해 신선한 육질을 자랑한다. 소문난한우실비(033-552-8893), 태성실비식당(033-552-5287) 등이 유명하다. 전골처럼 국물이 있는 닭갈비도 태백의 별미다. 승소닭갈비(033-553-0708), 김서방네 닭갈비(033-553-6378) 등이 맛깔스럽게 음식을 내놓는다.

잠잘곳 시내 중심가에 있는 황지연못을 끼고 주변에 깨끗한 모텔이 많다. 하룻밤 5만원선이면 충분하다. 스키를 즐기거나 가족과 함께라면 함백산 자락의 오투리조트(033-580-7000)를 고려하는 게 좋겠다.

볼거리 최근 문을 연 소도동의 태백체험공원(033-550-2718)은 탄광지역 주민들의 삶을 엿볼 수 있다. 또 한강의 발원지인 검룡소를 비롯해 낙동강이 시작되는 황지연못, 귀네미마을, 예수원, 철암마을, 매봉산 풍력발전단지, 구문소 등 하루에 다 볼 수 없을 정도로 볼거리가 무궁무진하다. 태백시 문화관광과(033-550-2085)

## 40

미황사 도솔암

주소 전남 해남군 송지면 서정리 산247(미황사)
여행적기 봄~가을
주변 여행지 땅끝마을 · 두륜산 · 대흥사 · 일지암 · 녹우당
문의 미황사(061-533-3521), 해남군 문화관광과(061-530-5224)

땅 끝, 하늘 아래
볕이 머무는 성소(聖所)

땅 끝, 하늘 아래 작은 암자 하나 있습니다. 도솔암! 바위벼랑 위 한 폭 땅에 제비집 마냥 순하고 무던하게 앉았습니다. 가만히 보면 이 모습 참 기이하고 놀랍습니다. 누가, 무슨 이유로, 어떻게 저 높은 곳, 그리 척박한 바위벼랑 사이 절집을 올렸을까 싶습니다. 간절하고 또 간절한 구도(求道)의 바람이 이처럼 놀랍고도 예측 불가능한 경탄을 낳았다고 그저 미뤄 짐작할 뿐입니다. 겨울의 뒤안길에 암자에 갔습니다. 가볍게 발소리 내며 가만가만 걸었습니다. 바람은 천연했고 떼는 걸음, 걸음은 구도자의 그것처럼 성스럽고 또 순결한 것처럼 느껴집니다.

카메라 니콘 D3 **렌즈** 니콘 24–70mm **감도(ISO)** 200 **셔터스피드** 1/400 **조리개** F8 **촬영장소** 도솔암 **촬영팁** 봄볕 든 도솔암의 늦은 오후 풍경이 신비롭고 곱다. 잔뜩 흐렸던 하늘이 어느 순간 뚫리며 볕이 도솔암에 딱 들었다. 오른쪽 깎아지른 벼랑 틈으로 다락방처럼 작고 소담한 도솔암이 보인다. 암봉 아래로 펼쳐진 야트막한 야산들은 마치 바다 위에 든 섬 같다. 도솔암의 높이감과 고립감을 잘 나타내는 것이 중요하다.

달마산은 보는 이의 눈을 번쩍 뜨이게
하는 산이다. 독특한 산세 때문에 그렇다. 정상부에 뾰족한 암봉들이 줄지어 있
어 멀리서보면 마치 공룡의 등줄기를 닮았다. 밑에서 올려다보면 능선의 폭이 좁
고 경사가 아주 가파르게 느껴진다. 장쾌하다. 달마산 암봉들의 자태는 설악산이
나 금강산의 그것과 비교되곤 한다. '남도의 금강산'이라 불리는 이유도 여기에
있다. 이런 달마산은 한반도 땅끝지맥의 마지막 산이다.

달마산 남쪽 능선 끝 도솔봉에 도솔암이 있다. 도솔봉은 달마산 암봉들 중에서
도 특히 풍광이 아름답다고 현지인들이 꼽는 곳이다. 도솔암의 규모는 다락방처
럼 작지만 이 암자가 들어선 자리가 아주 특별하다. 깎아지른 벼랑 틈에 폭 싸여
있는데 어떻게 저런 곳에 암자를 지었을까 싶다. 바위 봉우리들이 암자를 에두르
고 있는 모양새도 독특하다. 도솔암을 찾아간 날, 바람이 거셌지만 봉우리들이
이를 막아주는 덕분에 마당은 봄처럼 따뜻하고 고요했다.

도솔암에서는 땅끝은 물론 서남해를 다 볼 수 있다. 땅끝에 솟은 산이라 시야
를 가릴 것이 없다. 발 아래로 바다의 섬들과 들녘에 낮게 솟은 야산들의 어우러
짐이 볼 만하다. 뭍과 바다, 섬과 산의 경계가 묘하게 허물어지는 느낌이다.

크지는 않아도 도솔암의 내력은 통일신라 말기까지 거슬러 오른다. 의상대사
가 창건했고 산 아래 미황사를 세운 의조화상도 미황사 완성 전에 이곳에 머물며
수행했다. 안타깝게도 현재의 암자는 지난 2002년에 다시 지었다. 원래 건물은
조선시대 정유재란 때 불탔다. 명량해전에서 패한 왜구들이 해상 퇴로가 막히자
달마산을 넘어 도망가던 중 이를 태워버렸단다. 오랜 기간 터만 남았던 곳에 스님
과 불자들이 힘을 합쳐 다시 건물을 올렸다. 이곳 들머리 안내판에는 '오대산 월
정사에 있던 법조스님과 불자들이 목재와 1800여 장의 흙기와를 손수 지고 날라
32일 만에 법당을 완성했다'고 소개돼 있다.

암자의 고즈넉한 정취에 흠뻑 젖을 무렵, 늦은 오후 햇살이 마당으로 든다. 볕
을 받은 암봉들이 하얗게 반짝이고 촛불 켜 놓은 듯 소담한 암자도 한줄기 빛을
뿜어낸다. 신비롭고 고운 풍경이다.

도솔암 가는 길에 바라본 도솔봉

미황사 대웅보전 주춧돌에 새겨진 게 형상

도솔암 입구까지 차가 간다. 송지면 마봉리 임도를 따라 도솔봉 중계탑까지 가면 도솔암 입구다. 이곳에서 약 20분 걸으면 도솔암이다. 산 아래 미황사에서 등산로나 산책로를 따라 도솔암까지 걸어 오를 수도 있다.

달마산 꼭대기에 도솔암이 있다면 산 아래에는 미황사가 있다. 통일신라 때 지어졌지만 도솔암과 함께 조선시대 정유재란 때 건물이 불탄 후 여러 차례 중건과 중수를 거쳐 지금의 모습을 갖췄다. 돌계단을 차곡차곡 밟고 경내로 들면 두 가지 풍경이 눈길을 끈다.

첫 번째는 단청 빛깔이 다 바랜 대웅보전(보물947호)이다. 1754년 건물 중수 때 이곳에도 단청이 칠해졌지만 시간이 흐르면서 바닷바람 등의 영향으로 색이 다

바랐다. 아이러니하게도 속살을 오롯이 드러낸 가람의 자태가 더 곱게 느껴진다.
대웅보전에는 흥미로운 것이 많다. 대웅보전 기둥 주춧돌에 새겨진 게, 거북형상
이다. 창건설화 때문이다. 인도에서 경전과 부처상을 싣고 달마산 인근 사자포구
에 한 척의 배가 닿았는데, 여기에 화엄경과 법화경 등이 실려 있었단다. 이 때문
에 미황사를 짓게 됐다. 대웅보전은 이 배의 상징이다. 그래서 바다에 사는 게와
거북을 새겨 넣었다. 용을 새긴 주춧돌은 있지만 게와 거북을 새긴 곳은 드물다.
대웅보전 천장에는 범어로 쓰인 글자와 일천불의 벽화가 있는데, 국내에서 보기
드문 수작이다.

　다음으로 눈길을 끄는 것이 절집 가람들 뒤로 병풍처럼 서 있는 달마산이다.
암봉들이 도열한 모습이 신령스럽기까지 하다. 미황사와 도솔암, 정갈하고 예쁜
가람들이다.

여행메모

가는길 서해안고속도로 종점 목포까지 가서 2번 국도를 이용한다. 성전교차로에서 13번 국도를
타고 해남읍을 지나 송지면까지 간다. 미황사 입구에서 송지면 마봉리 방향으로 간 후 마련리 버
스정류장 삼거리에서 좌회전, 도솔봉 중계탑까지 가면 도솔암 입구다.
맛집 땅끝에 있는 땅끝회센터(061-535-5840)에서는 회를 떠 갈 수 있다. 식당에서 먹는 것 보
다 저렴하다. 해남읍내에 한정식을 잘하는 집이 여럿 있다. 천일식당(061-535-4001) 두륜산 입
구에 있는 토종닭요리촌은 닭육회부터 죽까지 풀 코스로 요리를 내는 집이 많다. 송림가든(061-
533-7330)
잠잘곳 미황사(061-533-3521)에서는 연중 템플스테이를 운영한다. 참가비는 1박2일 성인기준
5만원이다. 개인방(2인 1실)은 8만원이다. 미황사 주변에는 숙소나 식당이 거의 없다. 이곳에서
땅끝마을이 가깝다. 땅끝마을의 케이프게스트하우스(061-532-5004)는 젊은 여행자들이 묵기에
적합하다. 단체방도 있고 아침에 토스트와 커피 등을 제공한다.

#41

여자만

주소 전남 여수시 소라면 · 화양면
여행적기 사계절
주변 여행지 오동도 · 돌산대교 · 돌산도 · 향일암 · 해양엑스포장 · 영취산(진달래)
문의 여수시 문화관광과(061-690-2036)

그 한 해
질긴 생채기 보듬는 바다
그리고 개펄

생각해보면 이렇다. 살면서 숨 멎을 듯, 어둠의 그림자가 문득 우리를 향해 힐끗거리던 그날, 우리는 늘 바다로 가곤했다. 수평선의 부드러운 직선 앞에서 우리는 눈 비비고 몸 추스리며 다시 세상과 힘 겨룰 다짐을 하곤했다. 개펄의 '말랑말랑한 힘'에 경탄하며 우리는, 결국에는 쓰러질 수밖에 없는 세상인 줄 알면서도 다시 걸을 마음을 먹곤했다. 뜨고, 또 지는 태양은 이런 우리를 묵묵히, 하지만 강렬하게 응원했다. 여자만(汝自灣) 일몰은 부드럽고 곱다. 고돌산 옛 성터에 해 뜨는 풍경은 또 힘차다. 이것 바라보고 서면, 상처 아물고 희망은 늘 부풀었다.

# #

카메라 니콘 D3

렌즈 니콘 24~70mm

감도(ISO) 200

셔터 스피드 1/800

조리개 F 22

촬영장소 소라면 달천마을 인근 해변

촬영팁 달천마을 인근 해안도로에서 만난 풍경이
다. 완만하게 굽은 개펄의 물골 위로 붉은 하늘과
구름이 투영된다. 개펄을 가로지르는 물골은 한 해
의 아쉬움과 새해의 희망을 담고 너른 바다로 흘러
든다. 역광으로 찍을 때는 태양광이 렌즈에 직선으
로 닿지 않게 해야 하며 구름에 해가 가렸을 때 운
치가 산다.

왜 여자만일까. 남자의 반대, 여자가 아니다.
'너 여(汝)'자에 '스스로 자(自)'자를 쓴다. 이 만(灣) 한가운데 '여자도'라는 섬이 있어 붙은 이름이다. 굳이 뜻풀이하자면 육지에서 멀리 떨어져 있으니, 이 섬에서는 '모든 걸 스스로 해결한다'고 해 여자도다.

지도에서 보면 순천만 아래쪽이 여자만이다. 실은 순천만이나 여자만이나 같은 만이다. 부르기를, 순천에서는 순천만, 여수에서 여자만이라 한다. 순천만은 습지 때문에 생태관광지로 익히 잘 알려졌다. 여자만은 이보다 덜 하지만 그래서 오히려 더 끌린다. 개발이 더딘 덕분에 개펄 따라 늘어선 마을들이 소담하고 관광객이 많지 않아 호젓하기 때문이다. 그럼에도 풍경은 순천만의 그것 못지않다. 특히 개펄 뒤로 떨어지는 일몰이 참 아름답다.

가장 북쪽의 율촌면 두봉마을에서 남단의 백야도까지 해안선을 따라 달리는 도로 어디든 일몰 명소라고 할 수 있다. 이 중에서 들려볼만한 몇 곳을 소개하면 이렇다. 우선 율촌면 두봉마을이 있다. 일몰 명소로 이미 잘 알려진 순천 해룡면의 와온마을과 인접한 갯마을이다. 너른 개펄과 갈대밭을 배경으로 한 일몰 광경이 아주 서정적이다. 내친 김에 와온마을까지 다녀와도 좋다. 두봉마을과 지척이라 굳이 순천, 여수를 따질 필요가 없으니 말이다. 고깃배들의 실루엣이 볼 만하다.

소라면 달천마을도 들려볼 만하다. 달천마을은 육지로 된 '육달천'과 섬으로 된 '섬달천'으로 이뤄졌다. 두 지역은 달천교 다리로 연결돼 있다. 섬달천은 소담한 갯마을이다. 겨울이면 이 마을 촌부들은 여자만에서 캐낸 석화를 다듬느라 분주하다. 일하다 말고 낯선 외지인에게 선뜻 먹어보라고 석화를 권할 정도로 훈훈한 인심이 여전히 남아 있다.

섬달천마을 뒷동산에 있는 폐교도 볼거리다. 교무실 한 칸, 교실 한 칸으로 된 초미니 학교인데, 아마 건물이 남아 있는 학교 가운데 가장 작은 규모가 아닐까 싶다. 소라초등학교 달천분교로 1968년 개교했다가 근래 문을 닫았다. 학교가 볼수록 앙증맞고 정이 간다. 교정의 정취가 꽤 운치 있다.

육달천마을에서 대곡마을 지나 가사마을까지 이어진 해안도로가 참 예쁘다.

화양면 호두마을 고돌산진터에서 바라본 일출

화양면 호두마을 고돌산진터에서 바라 본 일출

여자도와 고흥반도 풍경을 배경으로 해 개펄과 딱 붙어 달리는 도로다. 차가운 날씨에도 이 길을 따라 자전거를 타는 학생들을 볼 수 있다. 도로 따라 가면 완만하게 굽어지며 바다를 향해 뻗은 개펄의 물길도 만난다. 이 모양이 예쁘고 물길 표면으로 투영되는 하늘과 구름도 멋지다.

마지막으로 소라면의 장척마을도 해질 무렵 가볼 만하다. 장척마을은 해마다 노을축제, 해넘이축제를 열 정도로 일몰 광경이 아름답기로 이름 난 곳이다. 특히 마을 앞 개펄에는 무인도인 복개도가 있는데 이 섬을 배경으로 한 일몰은 사진 동호인들도 즐겨 찾는 풍경이다.

이 외에 장척마을 가기 전, 사곡마을에는 예쁜 카페들이 많은데, 카페마다 바다로 창을 내어 뒀기 때문에 커피 한잔 마시며 일몰을 감상할 수 있는 곳으로 인기다.

여수에는 일출 명소도 있다. 돌산도에 있는 향일암이 단연 으뜸으로 꼽힌다.

향일암은 최근 화재사고 이후 임시로 암자를 지어둔 터라 고즈넉한 정취는 예전 같지 않다. 하지만 이곳에서 보는 일출은 사고 이전과 달라진 것이 없다. 이 외에도 많다. 반질반질하고 수박만 한 돌이 가득한 무슬목도 좋고, 향일암에서 방죽포를 따라 가며 맞는 일출도 볼 만하다.

여기에 하나 더 추가하면 화양면 호두마을의 고돌산진터(돌산포 만호진터)를 추천할 만하다. 덜 알려진 덕분에 분위기가 호젓하다. 여수시청에서 불과 20분 거리다. 호두마을 뒤로 난 길을 따라 해안으로 가다보면 바다가 눈앞에 드러난다. 고돌산진터는 지금은 흔적이 없지만 조선시대 수군기지가 있던 자리다. 이곳 언덕에 올라서면 여수의 동쪽 바다인 가막만이 한 눈에 내려다보인다. 가막만은 여수의 화양면과 돌산읍에 에워싸인 바다다. 대경도·소경도· 조도·암목도·소죽도 등의 크고 작은 섬들과 이 사이를 오가는 고깃배들이 어우러진 풍경이 서정적이다.

여행메모

가는길 여수는 호남고속도로와 새로 개통한 순천완주간고속도로를 이용해 순천까지 간 뒤 17번 국도를 따라간다. 순천에서 여수로 가는 17번 국도를 따라가다 순천 해룡면이나 여수 율촌면에서 863번 지방도를 타면 여자만을 따라 갈 수 있다.

맛집 여수 봉산동 여수돌게식당(061−644−0818)은 돌게장을 무한리필 해준다. 또 다오네장어(061−641−5455)는 장어탕이 맛있다. 아침식사도 가능하다.

잠잘곳 여수 소호동의 디오션리조트(1588−0377), 학동에 있는 나르샤관광호텔(061−686−2000)이 깨끗하다.

볼거리 겨울의 여수를 갔다면 동백섬 오동도를 들러야한다. 어둑어둑한 그늘에 호롱불을 밝혀놓은 것처럼 피어난 동백꽃을 감상한다. 비록 화재로 전소됐지만 향일암에서 바라보는 일출은 예나 지금이나 아름답기 변함없다. 돌산도 향일암으로 가는 드라이브 코스도 아름답다. 돌산대교의 야경도 놓치기 아깝다.

#42
보성차밭

주소 전남 보성군 보성읍 봉산리 1288-1(대한다원)

여행적기 사계절

주변 여행지 율포해수욕장 · 제암산자연휴양림 · 벌교 《태백산맥》의 무대 · 대원사 · 티벳박물관

문의 대한다원(061-853-2595), 보성군청 문화관광과(061-850-5212)

여린 찻잎에 쌓인 함박눈
그 부드러운 곡선의 미학

보성다원의 싱그러운 초록물결을 이룬 차이랑은 늘 가슴에 남는다. 사람들은 산자락에 줄줄이 걸린 차이랑을 보려고 그 먼 길을 달려온다. 그리고 행복해한다. 그런데 그 차밭에 함박눈이 내렸다. 생애 한 번 볼까말까한 진풍경이 벌어진 것이다. 차이랑의 그 부드러운 곡선 위에 쌓인 함박눈. 초록의 차이랑에 견줘도 뒤지지 않는다. 남도 최고의 풍경은 이 겨울에도 결코 흐트러지지 않고 여행자를 반긴다. 그 아름다움에 경의를 표한다.

# #

카메라 니콘 D70

렌즈 니콘 28~80mm

감도(ISO) 400

셔터 스피드 1/8

조리개 F 11

촬영장소 봇재다원

촬영팁 평소에 익히 보던 녹차밭에 함박눈이 내리자 전혀 다른 감동을 주는 풍경으로 변모했다. 눈 사진은 날씨나 광선에 의해 좌우된다. 특히, 아침저녁에 사선으로 빛이 내릴 때 눈이 만든 명암의 극적인 아름다움을 표현할 수 있다.

보성 땅은 보배로운 싹이 자라나는 곳

바다 안개는 늘 바람결에 실려와

이슬 맺힌 다섯 신선 봉우리에 차밭을 일구었네

…

천하일품 녹차맛에 난 이 땅을 더 사랑하게 되었네

오늘도 녹차 한잔에 모든 번뇌가 씻어지네

…

–임용백 시인의 〈보성다원에서〉 중에서–

도 심 속 일 상 에 묻 혀 앞만 보고 사는 요즘, 임용백 시인의 시처럼, 은은한 차향으로 세상 모든 번뇌를 씻을 수 있다면 그 어디인들 마다하랴. 그곳이 남녘의 끄트머리라 할지라도 한달음에 달려갈 수 있으리라.

세찬 바람을 맞으며 눈 덮힌 녹차밭을 걷다보면 번잡한 잡념은 새털처럼 날아가고, 새로운 희망이 샘솟는다. 여기에 설국에서 마시는 정갈한 녹차 한 잔의 여유까지 부리면 그 감동은 배가 된다.

전남 보성 녹차밭은 사시사철 푸른 차밭에서 다향이 번져 사람의 마음을 취하게 만든다. 봄의 싱그러움과 여름의 푸름, 그리고 가을의 하얗고 노란 차꽃으로 계절마다 다른 멋과 향기를 뽐낸다.

녹차밭의 겨울 풍경은 어떨까. 한겨울에도 초록빛을 발하는 차밭에 함박눈이라도 가득 내린다면? 열 지어 고랑을 이룬 차밭 너머의 산과 들도 온통 눈세상으로 변하고, 그 너머로 바다가 펼쳐진다면? 상상하기 쉽지 않겠지만, 만약 그 풍경과 맞닥트린다면 이전에 알고 있던 보성 차밭의 아름다움은 잊는 게 좋다. 그저 그런 행운이 내게 온 것에 감사할 따름이다.

보성에서 가장 많은 녹차밭이 자리한 곳은 읍내에서 율포로 가는 18번 국도. 봇재를 넘어가는 이 길을 따라 35곳의 다원이 조성됐다. 특히, 영화 《서편제》에서 소리꾼들이 고개를 넘어가다 한바탕 소리판을 펼쳐 '소리고개'로도 불리는 봇재에 파노라마로 펼쳐진 녹차밭이 백미다.

영천저수지와 득량만이 한눈에 내려다보이는 봇재다원 옆 다향각에 오르면 곡선과 볼륨이 절묘하게 조화를 이룬 계단식 차밭이 펼쳐진다. 산비탈의 굴곡을 따라 만들어진 차밭은 서 있는 위치와 바라보는 시선에 따라 모습을 달리하며 저마다의 아름다움을 뽐낸다.

보성이 한반도 녹차의 본향이 될 수 있었던 배경은 천혜의 기후조건 때문. 보성은 물 빠짐이 좋은 산성토양인 데다 풍부한 강수량과 봄가을로 피어나는 안개 등 3박자를 모두 갖췄기 때문. 특히, 안개는 쓴 맛이 나는 타닌을 줄여 차 맛을 좋게 만들어준다.

다향각에서 본 봇재다원의 차밭설경

봇재에서 보성읍 방면으로 고개를 넘어오면 보성 최대 차밭인 대한다원이 있다. 이곳은 안방극장과 스크린을 달궜던 명장면의 촬영지로 이름났다. 봇재가 탁 트인 공간에 차밭을 조성했다면, 대한다원은 아늑한 맛이 백미다. 이 아늑함은 차밭에 그늘을 만들어주려고 일부러 심은 삼나무에 의해서 살아난다. 주차장에서 다원 입구까지 이어진, 쭉쭉 뻗은 삼나무 숲길은 은밀한 차밭여행의 기대를 품게 하기에 충분하다. 이 길은 연초록 잎이 싱그러운 봄날, 수녀와 비구니가 자전거를 타고 가는 CF를 찍었던 곳이다. 삼나무 오솔길을 따라 걸으면 누구나 그 CF의 주인공이 된 듯한 착각에 빠진다.

그 삼나무숲길을 지나면 길은 꾸불꾸불 산자락을 돌아서 올라간다. 여전히 길은 삼나무 터널 사이로 나 있다. 한 순간 삼나무 터널이 끝이 나면, 굴곡진 차 이랑의 숨 막히게 아름다운 풍경이 펼쳐진다. 그곳은 싱그러운 녹색으로 빛날 때도 좋지만, 하얀 솜이불을 깔아 놓은 것처럼 함박눈이 내린 날에도 특별한 아름다움을 뽐낸다. 동심원을 그리듯이 퍼져나간 순백의 차이랑은 동화 속 풍경이 된다.

대한다원은 그 맑은 차의 향기를 입으로도 느낄 수 있다. 차밭 입구에 있는 녹차방에 들르면 따듯한 녹차 한 잔을 나누는 즐거움을 만끽할 수 있다. 대한다원에서 수확한 차를 다기에 우려 준다. 인심도 후해서 마시고 싶을 때까지 가득 녹차를 우려 준다. 차의 향기를 쫓다보면 '차를 마시면 군자와 같이 삿됨이 없는 맑은 성품을 갖는다'고 읊었던 다성 초의선사(1786~1866)의 말씀이 다향에 실려 온다.

보성까지 가서 녹차밭만 보고 올 수는 없는 일. 보성군에는 두 개의 읍이 있다. 보성읍이 녹차로 유명하다면, 벌교읍은 조정래의 대하소설《태백산맥》의 무대로 잘 알려져 있다. 그곳은 소설 속에 묘사된 장소들이 현실에도 존재한다. 늘 사건이 벌어지던 곳들, 이를테면 홍교(보물 304호), 중도방죽, 남도여관, 광주와 부산을 잇는 경전선 철다리 등이 지금도 고스란히 남아 있다. 특히, 벌교초등학교 옆에 있는 남도여관은 전형적인 일본식 2층 건물로 소설 속 임만수와 그 대원들이 한동안 숙소로 사용하던 곳이다.

겨울에 벌교를 찾았다면 빼놓지 말아야 할 것이 있다. 바로 꼬막이다. 예로부터 임금님 수라상에 오르는 팔진미 중 으뜸으로 꼽혔을 정도로 단백질과 칼슘이 풍부하고 맛이 일품이다. 꼬막은 찬바람이 부는 11월부터 이듬해 3월까지가 제철. 해질녘 장암리와 대포리 해변에 가면 꼬막을 캔 후 뻘배를 타고 돌아오는 아낙네들의 정겨운 풍경을 볼 수 있다.

가는길 경부고속도로와 천안논산고속도로, 호남고속도로를 이용한다. 동광주IC로 나와 29번 국도 화순과 능주를 거쳐 40분쯤 달리면 보성군이다.

맛집 쫄깃쫄깃한 맛으로 이름난 벌교 꼬막이 유명하다. 소설로 유명해진. '저절로 생각되는 것은 벌교의 겨울 꼬막'과는 비교할 수 없이 부족하지만 5월까지는 즐길 수 있다. 찰지고 깊은 여자만의 갯벌에서 생산되는 벌교 꼬막은 육질이 쫄깃거리고 맛이 진하다. 참꼬막. 세꼬막. 피꼬막 등 꼬막은 종류가 다양하며 삶아서 양념없이 그대로 먹을 수 있고, 양념반찬·꼬막전·꼬막탕·꼬막무침·꼬막꼬치·꼬막회 등 다양한 요리로 맛볼 수 있다. 홍도회관(061-857-8088)이 알아준다.

잠잘곳 보성에는 100여 개의 객실과 해수온천탕으로 유명한 다비치콘도(061-850-1111)를 비롯해 보성읍내의 나인모텔(852-5695) 등이 있다.

볼거리 율포에는 보성군이 직영하는 해수녹차탕이 유명하다. 지하 120m에서 끌어올린 암반 해수에 녹차 진액을 섞은 전국 유일의 해수녹차탕이다. 해수녹차탕 안에서도 바다 풍경이 한눈에 들어온다. 겨울에는 봇재의 차밭에 수십만 개의 LED 전구를 이용한 거대한 녹차 트리가 세워져 장관이다.

#43

합천호

주소 경남 합천군 봉산면 술곡리(합천호)
여행적기 4월 초순~11월 초
주변 여행지 합천호 벚꽃길(4월) · 합천영상테마파크 · 해인사 · 황매산 철쭉(5월)
문의 합천군 문화관광과(055-930-3751)

물안개처럼 흩어지는
지난 시간의 아픈 그림자

기다림 끝에 물안개가 자욱하게 핀다. 물안개는 아슬아슬할 만큼 까마득할 정도로 멀게, 또 높게 공중으로 날아오른다. 물안개는 그러더니 강렬한 볕을 받고 허공으로 부서져 사라진다. 마음의 번거롭고 답답함도 물안개와 같아, 볕 고운 날 그렇게 당신의 몸에서 아스라이 떨어져 공중분해 되어라. 늘 그렇듯, 세밑에서 돌아보는 시간은 항상 빠르게 흘러왔다. 위태했던 삶의 중심잡기는 또 늘 그렇듯 아쉬움과 만족하지 못함을 남긴다. 마음은 담기보다 덜어내기 힘든 것이라고 했다. 합천호 물안개는 마음 더는 것을 차분하게 도와준다.

# #

카메라 니콘 D3
렌즈 니콘 70~200mm
감도(ISO) 200
셔터 스피드 1/320
조리개 F 16
촬영장소 합천호
촬영팁 물안개 촬영을 위해서는 부지런해야 한다. 일교차를 미리 파악하고 이른 아침부터 포인트 잡고 기다리는 것이 바람직하다. 물안개와 어울릴 만한 피사체를 프레임에 둬야 사진이 덜 밋밋하다. 물안개의 느낌은 참 포근하다.

합 천 호 로 가 는 길 에 비경이 숨어 있다. 물안개 피어오르는 황강이다. 황강은 경남 거창 대덕산에서 발원해 합천호에서 숨을 고른 후 합천읍내를 휘돌아 낙동강과 만난다. 강 주변에 황토가 많아 물빛이 황색을 띤다고 이렇게 이름 붙였는데, 물빛과 달리 낙동강 수계 중 가장 오염이 안 된 지류로 알려져 있다.

그렇다면 황강 주변에서 물안개가 예쁜 곳은 어디일까. 합천읍 내 군민체육관에서 용주면 합천댐에 이르는 구간을 꼽을 수 있다. 이 구간에는 습지가 넓고 갈대도 제법 많다. 아침 햇살을 받아 금빛으로 반짝이는 갈대와 물안개가 어우러져 몽환적 분위기를 연출한다. 일부 구간에서는 물길의 폭이 채 3m가 안 되는데, 가는 물줄기에서 흰 커튼처럼 솟는 물안개의 모양새도 재미가 있다. '넓은 벌 동쪽 끝으로 옛 이야기 지줄대는 실개천이 휘돌아 나가고…' 정지용의 시 《향수》를 시

나브로 흥얼거릴 만큼 정답고 마음 편안한 풍경이다.

합천읍에서 10여 분을 달리면 합천 조정지댐이 나오고 곧 영상테마파크 입구다. 이곳에서 바라보는 합천호의 풍경도 장관이다. 몇몇 나무들이 물에 잠긴 채 가지를 삐죽하게 내밀고 있는데, 마치 경북 청송 주산지 모습과 흡사하다. 겨울 철새까지 날아들면 더욱 운치가 있다. 물안개까지 피어오르면 그야말로 수묵화다. 진부한 표현이지만 사실이다. 그래서인지 사진작가나 아마추어 동호인들의 발길도 잦다. 황강과 합천호의 물안개는 아침 9시를 전후해 가장 보기 좋다. 합천호는 충주호처럼 장쾌함을 보여주진 않지만 오밀조밀한 멋이 있다. 1989년 합천댐이 들어서며 생겼는데, 둘레가 약 40km로 1시간이면 자동차로 호수를 한 바퀴 돌아볼 수 있다.

합천하면 해인사를 빼놓을 수 없다. 가야산 자락에 있는데, 양산 통도사, 순천

가을 고즈넉한 해인사와 백련암 가는 길(오른쪽 긴 사진)

송광사와 더불어 삼보사찰로 꼽히는 명찰이다. '삼보'는 불(佛)·법(法)·승(僧) 등 불교에서 중시하는 세 가지를 뜻한다. 이중 해인사는 법, 즉 법문에 해당하는 팔만대장경(국보32호)을 모셨다. 불교의 힘으로 몽고의 침략을 막아보려고 새겼단다. 현존 대장경 중 세계에서 가장 오래 된 것이며, 2007년 세계기록유산으로 선정되기도 했다. 팔만대장경은 장경판전(국보52호)에 보관돼 있는데, 이것 역시 통풍을 고려해 창을 낸 것 등 역사적, 건축적 가치를 인정받아 유네스코에 의해 1995년 세계문화유산으로 선정됐다.

해인사는 사찰의 중심 건물인 대적광전을 눈여겨 볼 만하다. 정면 현판 글씨는 안평대군이 썼고, 오른쪽 끝 두 개의 주렴은 황제가 되기 전 고종과 그의 생부인 흥선대원군이 각각 쓴 글씨다. 또 구광루에는 한국전쟁 때 불탄 경남 함양 장수사 후불탱화에 모셔진 부처님 진신사리를 옮겨와 전시해 두었다.

해인사는 14개 암자를 거느렸는데, 이중 가장 높은 곳에 있는 백련암은 성철 큰스님이 말년을 보낸 곳으로 유명하다. 오르는 길이 가파르지만 분위기가 호젓해 들러볼 만하다. 특히 백련암 입구의 계단이 예쁘다. 밟고 오르다보면 그새 묵은 마음 속 앙금이 말끔히 씻기는 듯하다. 성철 큰스님이 머물 때는 원통전, 관음전, 좌선실이 전부였지만 입적 후 건물이 조금 늘었다. 하지만 단청을 칠하지 않은 건물들에서 절제와 겸손의 미덕을 엿볼 수 있다.

가는길 중부내륙고속도로 성주IC로 나와 33번 국도를 타면 해인사로 갈 수 있다. 88고속도로 고령IC로 나와 33번 국도를 이용해 합천읍내까지 갈 수 있다. 합천읍내에서 1026번 지방도를 타고 용주면 소재지에서 용주교를 건너면 합천댐(호)으로 간다.

맛집 합천댐 인근에 있는 고가식당(055-933-7225)은 솔잎을 넣어 만든 전통주 고가송주로 유명한 집이다. 이 집은 단단한 두부를 양념장에 찍어먹는 제포두부와 채 썬 메밀묵을 멸치육수와 다진 김치 등 양념과 함께 내는 메밀묵채를 잘한다. 합천초등학교 맞은편 어신민물매운탕(055-931-1266)은 어탕국수가 맛있다. 해인사 입구에는 산채정식을 내놓는 집들이 많다. 고바우식당(055-932-7311), 향원장식당(055-932-7575), 백운식당(055-932-7393) 등이 잘 알려진 곳들이다. 합천호반 회양관광지 내 선착장 인근 황강호식당(055-933-7018)은 직접 키운 토종흑돼지를 내놓는 것으로 유명하다.

잠잘곳 합천호 주변에 경치좋은 펜션이 많다. 노을음악펜션(010-8584-4835), 아름다운펜션(055-2343). 해인사 입구에는 해인사관광호텔(055-933-2000)을 비롯한 숙박시설이 많다.

볼거리 용주면에 있는 합천영상테마파크(055-930-3751)는 영화 《태극기 휘날리며》의 흥행을 업고 2004년 정식 개장했다. 공원 안에는 《태극기 휘날리며》에 등장했던, 폐허가 된 평양시가지를 비롯해 1930년부터 1980년대 서울의 모습을 실감나게 복원했다. 합천은 고령토가 유명하다. 고령토는 경북 고령에서 나는 흙이 아니다. 도자기를 만드는 원료로 쓰는 흙인데, 우리나라에서는 합천에서 고령토가 많이 난다. 해인사 입구 토광요(055-932-8535)는 지금도 전통방식으로 도자기를 만드는 곳이다. 도자기를 구경하고 차도 한잔 얻어 마실 수 있어 해인사 구경 후 들러볼 만하다. 직접 담근 된장도 판매하는데, 맛이 좋기로 제법 입소문을 타고 있다.

#44

삼학도

주소 전남 목포시 산정동(삼학도 공원)
여행적기 4월 중순
주변 여행지 갓바위 · 유달산 · 문화 역사의 거리 · 외달도 · 목포자연사박물관
문의 목포시 관광안내소(061-244-0939)

삼학도 파도 따라 흐르는
목포의 눈물

질문 하나. 내 나라 섬 가운데 제법 널리 알려졌으면서도, 회복하기 어려울 만큼 상처 받고, 그 신산한 삶의 역사조차 사람들에게 잊혀졌던 섬을 꼽는다면? 힌트는 전설적인 여가수 이난영이 부른 〈목포의 눈물〉 가사에 있다. '사공의 뱃노래 가물거리며 스며들던' 섬, 삼학도다. 섬에서 뭍으로, 다시 섬으로 돌아오는 데 40여 년의 시간과 수천억 원의 돈이 들어야 했다. 그럼에도 여전히 온전한 모습을 되찾지 못하고, 사람들과 거리를 두고 있는 섬. 삼학도야, 네게 도대체 무슨 일이 있었던 거냐.

# #

카메라 니콘 D3
렌즈 24~70mm
감도(ISO) 400
셔터 스피드 1/60
조리개 8
촬영장소 삼학도
촬영팁 노을과 함께 피사체의 디테일을 살리는 게 중요하다. 삼학도를 감싼 물길과 바다, 하늘의 색감이 살아 있다. 여기에 삼학도로 드는 다리와 산책로 등의 디테일도 살렸다. 노출을 너무 밝은 곳에 맞추면 실패. 노출을 달리해 여러 컷 찍는 것도 좋다.

오 래 전 목 포 에 사 는 지인에게서 이상한 소리를 들었다. 목포의 상징 중 하나인 삼학도(三鶴島)를 다시 볼 수 있게 된다는 거다. 늘 제자리에 있는 섬을 다시 보게 되다니, 도무지 무슨 뜻인지 몰라 의아했다.

결론부터 말하면 삼학도는 목포 사람들의 가슴에서 멀어져 있었다. 가장 큰 원인은 간척사업이다. 삼학도 하면 유달산과 함께 목포를 대표하는 상징물 아닌가. 그런데 저마다의 가슴에 아스라이 남아 있어야 할 삼학도가 뭍으로 변한 거다. 전혀 섬답지 못한 몰골을 하고 있는 데다, 공장 건물과 관공서가 들어서면서 목포 사람들은 도무지 발걸음 할 생각조차 하지 않게 된 것이다.

버려진 자식 같았던, 그 삼학도가 다시 돌아왔다. 목포시가 10년째 복구공사를 벌여 다시 섬을 복원한 것이다. 공사비만도 1300억원 가까이 들어갔다. 지역사회에서는 대단히 큰돈이다. 하지만 시는 목포 사람들에게 다시 삼학도를 돌려주자는 각오로 일을 벌였다.

삼학도의 옛 모습을 찾겠다고는 했으나, 예전만은 못하다. 형태는 갖췄으되, 빛바랜 사진 속에서 보았던 모습은 많이 잃었다. 그러나 삼학도엔 여전히 목포 사람들의 정서와 애환이 살아 흐르고 있다. 지금은 다소 어색하고 살갑지 않더라도, 하루 이틀 지나다 보면 사람과 섬이 화해할 날도 오지 않을까.

언제부터인가 목포 시내 교통표지판에 '삼학도'가 다시 등장했다. 예전에는 바로 그 자리에 해양경찰서, 혹은 한국제분 등 다른 목적지를 알리는 표지가 있었을 터. 점차 삼학도가 목포 사람들 삶에 다가가고 있다는 뜻일 게다.

헐벗고 궁핍했던 시절인 1968년부터 73년까지, 정부는 삼학도 주변에 대한 간척사업을 벌인다. 외국에서 들여온 석탄과 밀가루, 설탕 등을 내륙으로 실어 나를 전초기지로 삼기 위해서였다. 그때부터 섬은 뭍이 되고, 섬 외곽에는 부둣가, 중턱에는 제분공장이 세워지기 시작했다. 산자락은 절단되고, 주택이 난립했다. 목포 사람들이 윤락가를 지칭하던 '옐로 하우스'도 그때 들어섰다. 그 와중에 삼학도는 동네 뒷산보다 못한, 볼품없는 존재로 추락하고 만다. 간척과 삼학도를 맞바꾼 셈이다. 그렇게 삼학도는 잊혀져 갔다.

목포항에서 새벽 조업 중인 어부들

　목포의 근대사를 '간척의 역사'라 할 만큼 목포는 간척사업과 연관이 깊다. 일제 강점기부터 시작된 간척으로 목포의 몸집은 두 배 가까이 불었다. 간척사업의 틈바구니에서 삼학도 또한 예외가 될 수 없었다. 목포시 관계자에 따르면 삼학도 매립공사 당시 인부들의 일당으로 미제 원조밀가루가 지급됐고, 어린이들은 그 밀가루를 구멍가게에서 사탕 등과 바꿔 먹었다고 하니 삼학도는 섬으로써 명을 다하는 순간까지 여러 사람에게 덕을 나눠준 셈이다.

　삼학도는 대삼학도와 중삼학도, 소삼학도가 크기에 따라 일렬로 늘어서 있다. 예전엔 뭍에서 가장 먼 소삼학도가 1km, 가장 가까운 대삼학도는 600m 남짓 떨어져 있었다. 그 시절 삼학도는 목포 사람들의 쉼터였다. 배를 타고 이곳까지 나들이를 왔다. 어린 아이들은 삼학도에서 물놀이를 하다가 목포까지 헤엄쳐 오기도 했다. 물론, 소풍 장소로 자주 찾기도 했다. 단옷날이면 어른들은 나룻배를 타고 건너와 모래톱에서 씨름 등 전통놀이를 즐겼다. 연인들에겐 몰래 숨어 유희를 즐기고 사랑을 다짐하던 해방구와 같은 곳이었다. 조선시대 목포 만호청(萬戶廳)에 땔감을 공급하던 곳이었을 만큼 수목이 울창해, 뭍에서라면 따가웠을 타인의 시선을 피하기에 제격이었던 것.

　삼학도가 뭍이 된 후 애써 외면했지만, 가슴에서 삼학도를 완전히 지울 수는 없는 노릇이었다. 목포 시민들은 1998년 삼학도 복원에 대한 본격적인 논의를 시

삼학부두와 목포역을 잇던 철길(왼쪽), 목포의 얼굴 갓바위(오른쪽)

작했다. 김대중 전 대통령이 복원사업 지원의사를 표시하면서 논의는 실행단계로 접어들었다. 그리고 마침내 2000년 사업비 1243억원을 들여 복원공사가 시작됐다. 절개된 소·중 삼학도에 흙을 쌓아 산 형태를 만들고, 곰솔 등 4만 여 그루의 나무를 심었다. 대삼학도 '옐로 하우스' 자리엔《목포의 눈물》을 노래한 가수 이난영의 유해를 수목장으로 안치한 난영공원을 조성했다. 삼학도를 짓누르던 공장 등 건축물들의 철거와 이전 작업도 병행했다. 여기에 호안수로 2.2km를 파고 그 위에 교량 12개를 놓았다. 이 같은 복원 공사를 마친 삼학도는 2010년 2월 일반에 공개됐다. 뭍이 된 지 48년 만이다.

하지만 얻는 게 있으면 잃는 것도 있는 법. 전북 군산의 '페이퍼코리아선'처럼 목포 시내를 관통하며 내달리던 '삼학도선(線)'은 이제 역사의 뒤안길로 사라지게 됐다. 삼학도 간척사업 당시 놓인 삼학도선은 섬 바깥쪽에 조성된 삼학부두에서 석탄, 밀가루 등을 싣고 목포역까지 운행하던 약 2.3km 길이의 지선이다. 삼학도에 마지막 남은 공장인 한국제분이 충남 당진으로 이전되면 삼학도선의 임무 또한 완전히 없어진다. 목포시는 시내 구간 1.8km는 철거하고, 삼학도 부두 안쪽의 약 400m 구간은 레일 바이크 등 위락시설로 이용할 생각이다. 하지만 시내 구간 철거에 앞서 한번쯤 득실을 따져 봐야 한다는 지적도 있다. 섣불리 근대 역사유적들을 철거한 뒤 후회하는 경우를 많이 봐왔기 때문이다. 예를 들어 목포를 찾는 관광객들을 위해 주말에만 여객열차 1~2량을 편성, 목포역까지 오가는 관광열차로 이용한다거나, 삼학도 안쪽에 조성될 레일바이크 노선을 연장하는 것도 생각해 봄직하다. 목포가 자랑하는 문화·역사의 거리와의 연계성에도 적잖은 도움이 될 것으로 예상된다.

여행메모

가는길 목포까지는 서해안고속도로를 이용한다. 목포IC에서 목포역까지는 20분 거리. 목포역에서 왼쪽으로 돌면 삼학도선이 나온다. 철길을 따라 쉬엄쉬엄 걸으면 대삼학도까지 30분 정도 걸린다.
맛집 독천식당은(061-242-6528)은 낙지요리로 입소문 난 집. 연포탕 1만4000원, 갈낙탕 1만5000원(이상 1인분). 낙지볶음·무침·구이는 각 3만5000원. 문화역사의 거리 인근에 있다. 영란횟집(061-234-7311)은 민어요리를 잘한다. 회·무침 4만5000원. 선경횟집(061-242-5653)은 준치요리 전문점. 회무침 8000원, 구이 1만원, 탕은 1만2000원(이상 1인분)을 받는다. 목포여객선터미널쪽에 있다.
잠잘곳 새로 개발된 하당쪽에 깨끗한 숙박업소들이 밀집돼 있다. 바다 위 일출과 함께 잠에서 깨고 싶다면 목포항여객터미널 인근 숙박업소를 고려하는 것도 좋겠다.
볼거리 목포역 왼쪽으로 걸어서 10분 거리에 문화·역사의 거리가 있다. 옛 일본영사관과 동양척식주식회사, 일본 사찰이었다가 한국 교회로 바뀐 동봉원사 등 일제 강점기 때 분위기를 흠씬 느낄 수 있는 건물들이 많이 남아 있다. 갓바위, 유달산 등도 빼놓을 수 없는 목포의 명물. 목포시청 관광기획과(061-270-8182)

여행을 부르는

결정적 순간

2011년 9월 15일 초판 1쇄 펴냄

지은이 박경일 손원천 조용준 김성환
발행인 김산환
편집인 조동호
편집 이상재 윤소영
디자인 이영규
출력 버닝
인쇄 다라니
펴낸곳 꿈의지도
주소 경기도 파주시 교하읍 문발리 출판단지 516-2
전화 070-7535-9416
팩스 0505-991-9416
홈페이지 www.dreammap.co.kr
출판등록 2009년 10월 12일 제82호

ISBN 978-89-963850-8-0-13980